基于全寿命周期理念的输电网规划

欧阳俊 主编

郑旭 杜治 杨东俊 副主编

中国电力出版社
CHINA ELECTRIC POWER PRESS

内容提要

本书重点介绍基于全寿命周期的输电网规划，全书共分7章，分别为全寿命周期理念和输电网规划基础，输电网规划内容与方法，国内外现有的输电网规划评估概况，并具体阐述几种典型的输电网规划评估方法，基于全寿命周期成本的输电网规划模型及求解方法，基于安全、效能、成本的综合评价指标体系和模型，输电网规划的典型案例。

本书意在让读者尽快了解基于全寿命周期和SEC理念的输电网规划，从基础理论、模型构建、求解方法、评估体系多个角度论述，并列举多个实例进行验证，帮助读者理解和掌握本书的要点。

本书可作为高校理工科本科生和研究生的教学参考用书，也可供电气工程的输电方向、电网规划及其相关领域的工程技术和研究人员参考。

图书在版编目（CIP）数据

基于全寿命周期理念的输电网规划 / 欧阳俊主编 . —北京：中国电力出版社，2019.4

ISBN 978-7-5198-2685-7

Ⅰ.①基…　Ⅱ.①欧…　Ⅲ.①电力系统规划　Ⅳ.①TM715

中国版本图书馆CIP数据核字（2018）第 275585 号

出版发行：中国电力出版社
地　　址：北京市东城区北京站西街 19 号（邮政编码 100005）
网　　址：http://www.cepp.sgcc.com.cn
责任编辑：罗翠兰
责任校对：黄　蓓　常燕昆
装帧设计：张俊霞
责任印制：石　雷

印　　刷：三河市万龙印装有限公司
版　　次：2019 年 4 月第一版
印　　次：2019 年 4 月北京第一次印刷
开　　本：710 毫米 ×980 毫米　16 开本
印　　张：10.75
字　　数：186 千字
印　　数：0001—1500 册
定　　价：52.00 元

编写人员

主　编　欧阳俊

副主编　郑　旭　　杜　治　　杨东俊

参　编　方仍存　　鄢　晶　　杜　剑　　熊　志

　　　　　赵红生　　徐敬友　　王　博　　郑云飞

前 言

　　全寿命周期成本（Life Cycle Cost，LCC）理念适用于产品使用周期长、材料损耗量大、维护费用高的相关领域。其概念起源于瑞典铁路系统，于1904年提出。20 世纪 70 年代之后，LCC 概念在一些发达国家如美国、英国、澳大利亚等国迅速普及，快速发展并达到高潮。我国于20世纪80年代开始引进LCC理论，从消化、吸收，到理论研究探讨、推广应用，经历了 30 多年的历程。目前，LCC 理论体系已基本成熟，并被广泛运用于军用、航空、基础建设、工程管理等领域。近几年，全寿命周期成本理念也逐步融入我国电力系统建设的各环节中。

　　本书将全寿命周期理念引入输电网规划设计中来，系统介绍了全寿命周期成本和输电网规划的基本概念和内容，建立了基于全寿命周期成本最优的电网规划模型，避免了备选规划方案是由规划技术人员人工制定所导致的不足； 在基于全寿命周期成本的规划方案评价方法基础上，以全局最优的思想扩展了评价维度，不仅考虑全寿命周期成本维度，还涵盖了安全和效能维度，构建了适用于电网规划评估的安全（S）、效能（E）、成本（C）的综合指标体系，提出了多种有效的评估比选方法和决策模型，以保证输电网规划方案的安全、效能、成本综合最优。

　　本书编写过程中得到了武汉大学电气工程学院丁坚勇教授的指导，国网衢州供电公司王小鑫、国网四川供电公司尚超、国网湖北中超公司李珺、国网河北经研院朱天曈对书稿中的许多具体内容提出了宝贵意见，三峡大学电气与新能源学院杨楠副教授为本书的编写提供了相关资料，研究生李雍协助整理和校阅了全书手稿，在此一并向他们致以衷心的感谢。

由于时间仓促，加上作者学识水平有限，书中难免有错误或疏漏之处，恳请广大读者批评指正。

编者

2018 年 12 月

目 录

前 言

第1章 概述 ·· 1
1.1 输电网规划基本概念 ······························ 1
1.2 全寿命周期成本（LCC）基本概念及发展历程 ············· 8

第2章 输电网规划内容与方法 ···················· 17
2.1 输电网规划中的负荷预测 ························· 17
2.2 输电网规划中的计算分析 ························· 22
2.3 输电网规划方法综述 ··························· 41

第3章 基于LCC最优的输电网规划方案初选 ············· 51
3.1 输电网建设项目的LCC分析 ······················ 51
3.2 基于LCC最优的输电网规划模型 ··················· 65
3.3 模型求解及待选方案集的生成 ····················· 68

第4章 用于规划评价的SEC指标体系构建 ············· 72
4.1 国内外输电网规划评估概况 ······················ 72
4.2 评价指标体系构建原则 ························· 79
4.3 SEC指标体系框架 ···························· 79

第 5 章　基于 SEC 综合最优的输电网规划评估方法 ················ **92**

5.1　基于 SEC 综合最优的决策评估模型 ················ 92

5.2　典型应用 ················ 97

第 6 章　基于模糊层次分析的输电网规划评估方法 ················ **133**

6.1　层次分析法 ················ 133

6.2　模糊数学理论 ················ 136

6.3　模糊层次分析法及步骤 ················ 139

6.4　典型应用 ················ 142

第 7 章　基于改进 TOPSIS 和德尔菲—熵权综合权重法的输电网规划评估方法 ················ **151**

7.1　德尔菲—熵权综合权重计算 ················ 151

7.2　改进 TOPSIS—德尔菲—熵权组合评价计算模型 ················ 157

7.3　典型应用 ················ 159

参考文献 ················ **162**

第1章 概　　述

本章着重论述了全书两个核心内容：输电网规划和全寿命周期成本，第1节介绍输电网规划的相关定义、主要任务、主要分类、特点及原则等基础性内容；第2节介绍全寿命周期成本的基本概念、历史起源、发展历程、研究现状及应用难点。

1.1　输电网规划基本概念

1.1.1　输电网规划的定义及主要任务

1. 输电网规划的定义

电网规划设计作为电网发展前期决策阶段的一项重要工作，直接关系到电网的安全稳定和经济运行水平，也关系到能源资源利用的经济性和电网投资的合理性。所谓输电网规划，指的是以电源规划为基础，以区域的电力电量需求预测为依据，结合变电站的选址、输配电线路的优化，对电网的网架方案进行分析、比选和决策。其中，输电网规划最核心的内容就是对电力输送通道和电网网架方案进行合理规划，确保在一定可靠性条件下满足用户用电的需求。

2. 输电网规划的主要任务

输电网规划的主要任务是根据电力需求预测水平和电源建设规划，在满足电力系统安全稳定导则及相关技术标准的基础上，提出电力输送通道方案和网架规划方案。输电网规划设计应统筹考虑，合理布局，重点研究网架的最高电压等级、输电方式、送电规模、电网结构优化等。其规划对象和范围主要包括以下内容：

（1）省级及以上电网的主干输电网规划；

（2）大区之间或省级电网之间联网规划；

（3）大型电源送出输电系统规划；

（4）大型水电或火电厂（群）、核电厂及大规模集中开发的风电、光伏等新能源接入系统规划；

（5）针对输电网发展中需要解决的问题进行专题研究，例如，新能源接入和消纳、多馈入直流地区电网安全稳定性、无功优化、电网调峰能力、电磁环网解环、短路电流等。

正确、合理的输电系统规划设计实施后，不仅可以大大地提高电力系统的运行效率，减少煤炭、天然气、石油等能源的消耗，还可以最大限度地节约国家基建投资，促进国民经济其他行业的健康发展，提高其他行业的经济和社会效益。因此，研究科学高效的输电规划方法对我国电力系统以及经济社会发展具有重要的理论和实际意义。

1.1.2　输电网规划的分类

1. 依据规划形态划分

根据规划形态的不同，可以将输电网规划分为静态规划和动态规划两类。其中，静态规划的目标是根据某一特定年的负荷预测结果而设定的，往往不须考虑其他年份的负荷变化，只需要根据特定年份的负荷需求、电源规划等情况来制定具体规划方案。在实际工作中很少出现这种情况，因此静态规划应用范围具有局限性；动态规划则要在规划周期内，全面考虑包括负荷在内的各种不确定因素的变化情况，还要考虑资金的时间价值问题。输电网的动态规划在实际工作中应用较广，但与静态规划相比，难度也相对较大。

2. 依据规划目标划分

从不同的规划目标出发，可以将输电网规划分为可靠性规划、灵活性规划和经济性规划等。可靠性规划侧重于满足对用户供电的充足性（充裕性）和安全性，其中充足性指系统有足够的发电容量和足够的输电容量，在任何时候都能满足用户的峰荷要求，它表征电网的稳态性能，采用可靠性计算来检验电网的稳态充裕性；安全性指系统在事故状态下的安全性和避免连锁反应而不会引起失控和大面积停电的能力，它表征电网的动态性能，采用稳定计算来检验电网的动态安全性。灵活性指电力系统响应负荷波动与电源变化而进行调节的能力，因此灵活性规划主要是通过分析、适应各种不确定因素的变化来调整规划方案。经济性规划则要求重点考虑输电网建设项目的投资、运行、检修、故障、退役等各项成本的合理性、经济性。

3. 依据规划期划分

输电网规划按照时间来划分，通常包括近期规划、中期规划和远期规划三大类，并遵循"近细远粗、远近结合"的思路开展工作。设计年限与国民经济和社会发展规划的年限相一致，远期规划为 15 年以上、中期规划为 5~15 年、近期规划为 5 年以内。远期规划侧重于对主网架进行战略性、框架性及结构性的研究和展望；中期规划侧重于输电网网架多方案的研究，提出最优的输电网结构和建设项目的规划方案；近期规划侧重于对近期输电网建设项目的优化和调整。远期规划对中期、近期规划起指导作用，近期规划是远期、中期规划的基础。

（1）远期规划。远期规划的主要任务是根据国家经济布局和能源发展战略，研究输电网发展方向，侧重考虑输电网整体和长远发展目标。远期规划的主要内容如下。

1）研究饱和负荷水平、电源结构与布局方案，宏观分析和测算电力流向和规模；

2）对输电网发展进行远景展望，提出输电网总体格局和结构；

3）提出电力技术、装备等前瞻性专题研究需求。

（2）中期规划。中期规划的主要任务是在远期规划确定的输电网发展方向和目标的基础上，根据规划期内电力需求水平及负荷特性、能源资源开发条件、电力流向、环境和社会影响等，通过技术经济综合分析，确定输电网发展的具体方案，重点研究输电网结构和布局。中期规划的主要内容如下。

1）依据输电网远期发展目标，提出网架结构，通过潮流、稳定和短路电流计算分析，进行多方案论证比较；

2）提出变电站、输电通道布局和最终规模安排，输变电工程整体建设规模和进度；

3）提出无功补偿方案和提高系统稳定性的措施。

（3）近期规划。近期规划的主要任务是根据中期规划提出的网架方案，对输电网存在的问题进行针对性改进，侧重论证输电项目建设时序，指导工程建设实施。近期规划的主要内容如下。

1）网架方案论证，对方案进行潮流、稳定、短路电流等电气计算校核；

2）对输电网项目建设时序进行研究，提出规划期内输电网建设项目、建设时机，提出逐年建设方案；

3）结合近期发展情况，对中、远期输电网规划提出调整建议。

1.1.3　输电网规划的特点、原则和技术标准

1.1.3.1　输电网规划的特点

从传统意义上讲，输电网规划方案通常是根据电源规划及负荷预测情况而

制定的。在新的电力市场改革背景下，电源规划和负荷预测中出现了越来越多的不确定因素，因此"不确定性"成为输电网规划的主要特点之一，同时也是输电网规划工作的难点所在。随着输电网规划工作变得日益复杂，在电力市场环境下，我国整体的输电网规划情况也呈现出新的特点和趋势，具体如下：

1. 不确定性

"不确定性"是输电网规划最主要的特点之一。输电网规划的不确定性主要来源于电源规划的不确定性、负荷预测的不确定性、系统潮流的不确定性等。电源规划方面，随着电力市场改革背景下的厂网分离，发电企业和电网企业出于自身的利益各自开展规划工作，这就容易导致电源、电网规划的不配套；负荷预测方面，由于合理的规划方案往往依赖于较为准确的长期负荷预测，而某一地区的长期负荷变化通常受到该地区国民经济、产业规划政策等因素的影响，这就加大了长期负荷预测的难度，间接导致输电网规划的不确定；系统潮流方面，在新的电力市场环境下，电力交易的实时变化通常会引起系统潮流的改变，潮流的紊乱往往具有一定的不确定性，给输电网规划工作带来一定的困难。

2. 多目标性

随着电力市场改革的不断推进，输电网规划目标日益多样化，主要规划目标包括经济性、可靠性和灵活性。经济性目标强调输电网建设成本的最小化，是电网企业衡量规划方案经济性时采用的主要标准；可靠性目标主要考虑供电充裕性和安全性，从用户角度对输电网安全性提出更高要求，从而体现出电网企业的社会责任；灵活性目标要求基于电力调度、设备检修、输电网扩建等方面，通过综合考虑各种技术问题制定灵活的输电网规划方案。需要注意的是，不同的规划目标之间不是完全孤立的，而是存在一定联系和矛盾的。例如，可靠性目标往往要考虑系统故障时可能造成的缺电成本，为了方便计算和比较，缺电成本通常要量化成相应的费用指标，这在一定程度上又体现了规划方案的经济性水平。再如，灵活性目标在考虑设备检修时，不仅要从经济性角度对检修费用进行分析，还要基于可靠性的角度，综合考虑检修时输电网的供电能力。因此，在进行输电网规划研究时，必须综合考虑各个目标之间的矛盾和联系，才能制定出合理的规划方案。

3. 复杂性

输电网规划的复杂性主要体现在规划模型和规划维度上。由于输电网规划模型涉及众多参数，参数之间的非线性关系烦冗复杂，从而造成了输电网规划的复杂性。另外，从维度角度来看，输电网规划维度主要有时间维度和空间维度。在进行动态规划时，费用、负荷等因素的变化都与时间有着密切关系，随着时间维度的增加，规划难度也会加大；从空间维度来看，输电网线路的架设通常会跨越多个区域，架设线路越长，需要考虑的环境因素也就越多，规划工作也就越复杂。

1.1.3.2　输电网规划的原则和技术标准

在开展输电网规划工作时，必须遵循一定的技术经济原则，在国家或地方产业发展政策的统筹指导下，顺应电力市场改革变化趋势，结合相关电网企业的规划战略，科学、合理地制定相应地区的输电网规划方案。输电网规划要以安全可靠性和技术可行性为前提，综合考虑输电网工程建设的经济效益指标，切实为电网供电能力的提升起到积极促进作用。同时，要充分结合新电力市场环境下输电网规划的特点和目标，尤其是对不同区域输电网所呈现的不同特点进行具体分析，合理指导输电网工程的建设、投资。基于前文所述的输电网规划特点，总结归纳输电网规划的基本原则和技术标准如下：

1. 输电网规划的基本原则

输电网规划设计应围绕国家能源战略部署，统筹规划目标区域的资源禀赋、环节空间、经济社会发展，远近结合、统筹兼顾，科学制定电网发展的技术路线和方案，适应电网长远发展需要，为经济社会科学发展提供安全可靠的电力供应保障。输电网规划设计应遵循以下基本原则：

（1）可靠性原则。可靠性主要指应当具有《电力系统安全稳定导则》所规定的抗干扰的能力，满足向用户安全供电的要求，防止发生灾难性的大面积停电。

大电网具有很多优越性，但大电网若发生恶性事故的连锁反应，波及范围大，将会造成严重的社会影响和经济损失。因此对大电网的可靠性要求更高。为提高电网可靠性，输电网规划设计应执行以下技术准则：

1）加强受端系统建设；

2）分层分区应用于发电厂接入系统的原则；

3）按不同任务区别对待联络线建设的原则；

4）按受端系统、电源送出、联络断面等不同性质电网，分别提出不同的安全标准；

5）简化和改造超高压及以下各级电网。

（2）灵活性原则。输电网规划过程中将会遇到很多不确定因素，规划完成到项目实施投产前，系统中电源、负荷也可能发生一定程度的变化。规划的输电网应该能够在变化不大的情况下仍然满足应有的技术经济指标，对电源建设和用电负荷具有较强的适应能力。

（3）经济性原则。在满足前述可靠性原则和灵活性原则的条件下，规划设计方案还要兼顾投资的经济性，尽可能节约电网建设投资和减少运行维护费用，使规划方案的整体经济性最优。

（4）环保节能原则。输电网规划还需满足环境保护要求，节约土地资源和占地走廊，尽可能要选用新型节能设备，提高利用效率，实现输电网可持续发展。

以上四项原则往往受到许多客观条件（如资源、财力、技术及技术装备等）的限制，在某些情况下，四者之间即相互制约又会发生矛盾，因此还需进一步研究上述各方面综合最优的问题。

2. 输电网规划的技术标准

DL 755—2001《电力系统安全稳定导则》、SD 131—1984《电力系统技术导则》和 DL/T 5429—2009《电力系统设计技术规程》，对电力系统规划设计标准做了详细规定，现将有关电网规划设计的技术要求和标准归纳如下。

（1）电力系统"三道防线"。DL 755—2001《电力系统安全稳定导则》、GB/T 26399—2011《电力系统安全稳定控制技术导则》对电力系统规划进行多方面的约束，其中针对系统功角稳定、频率稳定、电压稳定，将安全稳定的标准分为三级，也即"三道防线"。

1）第一道防线。第一道防线针对常见的单一故障（例如线路发生瞬间单相接地），以及按目前条件有可能保持稳定运行的某些故障，要求发生这种故障后，电网能保持稳定并对负荷正常供电。

2）第二道防线。第二道防线针对概率较低的单一故障，要求在发生故障后能保持电网稳定，但允许损失部分负荷。在某些情况下，为了保持电网稳定，允许采取必要的稳定措施，包括短路时中断某些负荷的供电。

3）第三道防线。第三道防线对大电网是最为重要的最后一道防线，它针对极端严重的单一故障（例如多处同时故障；一回线故障而另一回线越级跳闸或保护拒动、断路器拒动等）。此时电网可能不能保持稳定，但是必须从最不利条件考虑，采取预防措施，尽可能使失稳的影响局限于事先估计的可控范围内，防止由于连锁反应造成全网性崩溃的恶性事故。

（2）不同系统的安全标准。SD 131—1984《电力系统技术导则》把电力网络分为受端系统、电源接入系统与系统间联络线三部分，根据各部分的重要性及技术经济条件规定了不同的安全标准，这是与国外标准的显著不同点。

1）受端系统的安全标准。受端系统是电力系统的核心，它的安全稳定是整个系统的基础与关键，因而对它有较高的安全要求：

a. 在正常运行情况下，受端系统内发生任何严重单一故障（包括线路及母线三相短路），即 $N-1$ 时，除了保持系统稳定和不得使其他任一元件超过负荷规定这两项要求外，还要求保持正常供电，不允许损失负荷，《电力系统安全稳定导则》对全系统规定应校核计算三相短路，并采取措施保持稳定，但允许损失部分负荷。

b. 在正常检修方式下，即受端系统内有任一线路（或母线）或变压器检修，而又发生严重单一故障或失去任一元件时，允许采取措施，包括允许部分减负荷的切机、切负荷措施。当然，这必须按照可能的事故预想，做大量分析工作，确定所应采取的措施。规定这一标准的目的是，即使出现这种概率不大的情况，也要保住受端系统，以便完全防止全系统性的大停电事故。

2）电源接入系统的安全标准。

a. 对 220kV 及以下的线路和已基本建成的 500kV 网络，原则上执行 $N-1$ 原则，即在正常情况下突然失去一回线时，保持正常送电。

b. 在 500kV 电网建设初期，为了促进 500kV 电网的发展，只要送电容量不过大，并采用单相重合闸作为安全措施，在加强受端系统的基础上，允许主力电厂初期先以 500kV 单回线接入系统。

c. 对长距离重负荷的 500kV 接入系统的线路，为了取得较大的经济效益，可允许利用安全措施在一回线切除时，同时切除相适应的送端电源（对水电厂）或快速压低送端电源输出功率（对火电厂），以保持其余线路的稳定运行。允许这样做的基础同样是加强受端系统。

当送端电源容量占全网容量的比例不大时，其电源接入系统的安全标准可比受端系统低，这是从建立第三道防线，防止全系统性大停电事故的观点考虑的。实际上，受端系统内部线路一般距离短，尚易于加强，而电源接入系统的线路往往很长，建设一回线需要大量投资，稍微降低电源接入系统的安全标准，并采取一些技术上可行的措施加以弥补，具有重大的经济意义。

3）系统间联络线的安全标准。系统间联络线的安全标准，应根据联络线路的不同任务区别对待。

a. 联络线故障中断时，各自系统要保持安全稳定，这对输送较大功率，并正常做经济功率交换的联络线尤为重要。

b. 对于为相邻系统担负规定（按合同）事故支援任务的联络线，当两侧系统中任一侧失去大电源或发生严重单一故障时，该联络线应保持稳定运行，不应超过事故负荷规定。

c.系统间如有两回（或两回以上）交流联络线，不宜构成弱联系的大环网，并要考虑其中一回断开时，其余联络线应保持稳定运行并可传送规定的最大电力。

d.对交直流混合的联络线，当直流联络线单极故障时，在不采取稳定措施条件下，应能保持交流系统稳定运行；当直流线路双极故障时，也应能保持交流系统稳定运行，但可采取适当的稳定措施。

4）我国系统的安全标准与国外标准相比较的特点：

a.针对稳定标准分三级，设立三道防线，重点强调第三道防线。

b.保持三相短路时的系统稳定，主要靠加速故障切除时间等稳定措施，经济有效。

c.对严重的多重化故障，如果保持稳定将需大量投资，因而允许局部失稳，但不仅要采取技术措施，而且要从输电网结构上创造条件，以防止发展为全系统的大停电事故。

d.电力网络分三部分，分别规定不同的安全稳定标准，主要是在考虑节约总体投资的条件下，加强受端系统。

1.2 全寿命周期成本（LCC）基本概念及发展历程

全寿命周期成本（Life Cycle Costing，LCC）理念发展至今，由于在不同领域的广泛应用，研究侧重点也不尽相同，各界人士对其定义也有一定的差异。现今其理论体系已基本成熟，概念也逐渐统一，并被广泛运用于军用、航空、基础建设、工程管理等领域。近几年，全寿命周期成本理念逐步融入我国电力系统各环节的问题中，在输电网规划中也有一定的应用。

1.2.1 LCC 的内涵

LCC 理论经过长久的发展，已经基本成熟，并形成一个比较完整的体系，本节从概念定义、主要内容等方面阐述全寿命周期成本的内涵。

1.2.1.1 LCC 的基本概念

全寿命周期成本（费用）指设备（或项目）在预期的寿命周期内，为其论证、研制、生产、使用与保障以及退役处置所支付的所有费用之和。它由设备（或项目）一生所消耗的一切资源量化为货币值后累加而得，明确了一个设备（或项目）在其一生要花多少钱，因而是一个极其重要的经济性参数量值。

美国国家标准和技术局手册对全寿命周期成本进行了定义。全寿命周期成本大致可以分为两类，即初始化成本和未来成本，具体可以分为工程项目在全寿命周期内建设成本、运行维护成本、退役折现后的货币成本等。这里的初始化成本可以定义为项目正式投入运营前所发生的所有投资成本，即建造投资成本，涉及软硬件的购买及安装等；未来成本是从项目正式运营到项目全部废止期间发生的所有成本消耗，比如能源、劳动力、设备运营维护及保养和二手转让处置成本等。

通常，可将一般产品的全寿命周期成本划分为以下几个阶段：

（1）产品的开发设计阶段：指企业研究开发新产品、新技术、新工艺所发生的新产品设计费、工艺规程制定费、设备调试费、原材料和半成品试验费等。

（2）产品生产制造阶段：指企业在生产采购过程中所发生的料、工、费以及由此所引发的环境成本等社会责任成本。

（3）产品营销阶段：一种产品是逐步进入市场、逐步被人们所认识和接受的，因此产品营销成本包括在此过程中所发生的产品试销费、广告费等。

（4）产品的使用维护阶段：包括产品的使用成本和维护成本，如车辆的耗油量、电器的耗电量，高级电子产品必须经常更换的附属配件成本等。此外还包括产品退出使用报废所发生的处置成本。

对于电力企业，设备（或项目）的寿命周期可分为投资、运行、维护、故障和退役等五个阶段，基于该阶段划分方法，可得到一种典型的成本分析模型，其具体构成如下：

（1）初始投资费：设备（或项目）投运前一次性支付的费用；

（2）运行费：设备（或项目）在寿命周期内正常使用过程中发生的费用，包括人员费、能源费（电、水、汽、燃料、油）、消耗品费、培训费、技改费、诊断检测费等；

（3）检修维护费：设备（或项目）投入使用以后至退役前，对其进行维修与保障所发生的费用，包括备件与修理零件、各种检测设备、维修和保障设施、维修保障管理、维修培训、人员、各类数据与计算机资源等方面发生的费用；

（4）故障费用：又称惩罚费用，因发生故障进行修理，不能正常使用（包括设备效率和性能下降）所造成的损失，如电力系统中的停电损失费用；

（5）退役处置费：设备（或项目）在退役阶段发生的处理费。

电力系统的全寿命周期成本管理是以设备（或项目）的长期经济效益为出发点，以供电质量控制和提高为根本，以实现全寿命周期费用最少为目标，全面考虑由设备（项目）或系统的规划、设计、制造、购置、安装、运行、维修、改造、更新，直至报废构成的全过程的一种管理理念和方法。

目前，随着电力系统的迅速发展，为了克服当前电力系统经济性评估中忽视中长期成本、注重短期投资的不足，有学者基于传统的 LCC 模型研究，参考霍尔三维结构、标准属性三维空间的架构体系及其相关应用实践，从元件、费用、时间的角度建立了一个针对电力系统整体的三维全寿命周期成本层级模型。其从时间维度将某一设备（或项目）划分为购置阶段、运行阶段和报废阶段；元件维度确定了分析范围内的研究对象，根据功能将系统元件逐次细分成可管理单元，如整个系统硬件可以粗略划分为输变电一次设备和二次设备；费用维度可以进一步分解为设备级、系统级和外部环境成本，其中单个设备所产生的费用为设备级成本，多个设备整体对全网产生的影响以及由此带来的费用为系统级成本。设备级是系统级的基础，系统级建立在设备级之上，需要其提供相应的计算数据。这种方法是对传统 LCC 模型的继承和改进，建立了更具完整性和兼容性的三维 LCC 模型，为进一步加强成本管理提供了新的思路和有效手段。

1.2.1.2 全寿命周期成本分析的内容

全寿命周期成本分析指在进行价值评估或者项目的准备阶段，对资产或者项目所涉及的设备在其全寿命周期内所有相关成本进行的系统的分析。全寿命周期成本分析的核心包括对各阶段的费用进行建模分析和定量评估等，具体包含以下几个方面的内容。

1. 全寿命周期成本构成

对一个项目或产品全寿命周期成本构成进行研究的目的，是为了能够准确地将全寿命周期成本逐层细化，构建树形结构，由树干到树枝层层分解，直至可分析计算的基本费用单元。这是全寿命周期成本分析最基础的工作。

2. 全寿命周期费用估算

为了对某个项目的不同方案及各项管理措施进行比较并作出决策，需建立合理的费用估算关系式，对不同方案及措施进行全寿命周期费用估算，进行量化评估和比较，该过程通常在决策阶段实际费用未产生前完成。此外，资金的时间价值将对工程项目的全寿命周期成本分析产生直接影响，主要表现在项目建设进度和使用年限上。所以，工程项目的建设周期和使用寿命是在全寿命周期成本估算时必须要考虑的因素。

3. 灵敏度分析

灵敏度分析是全寿命周期成本分析中的一项重要内容。灵敏度分析是研究与分析一个系统（或模型）的状态或输出变化对系统参数或周围条件变化的敏感程度的方法。在最优化方法中经常利用灵敏度分析来研究原始数据不准确或发生变化时最优解的稳定性。通过灵敏度分析还可以决定哪些参数对系统或模型有较大的影响。由于全寿命周期成本分析是对设备未来寿命周期时间内成本的估算，影响成本计算的各项因素存在一定的不确定性，因此有必要对全寿命周期成本中的相关因素进行灵敏度分析，通过对各影响因素进行制约，以达到全寿命周期成本最优的目的。

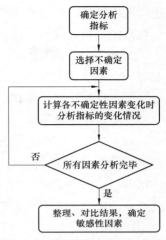

图1-1 敏感度分析主要流程图

敏感度分析主要流程如图1-1所示。

4. 基于全寿命周期成本的评价决策

基于全寿命周期成本的评价决策是在费用分解的基础上，对某个项目的不同备选方案进行权衡抉择的系统分析方法。在电力行业中，它可以为电力设备选型、检修、更新改造、电网规划等活动的决策提供有效的信息。

需要指出的是，在进行基于全寿命周期成本的评价决策时，如果仅仅考虑电力设备或电网规划方案的全寿命周期的成本费用是并不全面的。因为选择电力设备或开展电网规划的目的是保证电力系统的安全稳定运行，然而仅凭全寿命周期成本的大小并不能判断某一电力设备或某一规划方案能否达到这一目的。如果只是单纯的考虑全寿命周期成本，而忽视电网的安全性，这对保证整个系统的稳定运行是不利的，可能会造成电网的严重故障，甚至崩溃。无论是站在技术的角度，还是站在经济的角度，仅从LCC的角度分析问题，对于电力企业而言都是有一定局限性的。因此，在进行LCC分析的基础上，将LCC和效能以及安全因素进行关联分析是必要的，而这样也能更全面地进行评价决策。

1.2.2 LCC 的发展

1.2.2.1 国外 LCC 理论的发展

全寿命周期成本概念于1904年提出，起源于瑞典铁路系统，作为铁路建设决策的依据。1933年，美国总审计处首次正式提出全寿命周期成本的概念。20世纪60年代，美国国防部为克服国防费用预算受国会制约的问题，充分考虑武器使用与维护费远远高出购置费的现状，基于全寿命周期成本对军工产品进行成本计算，建立并实施了"规划—计划—预算系统"（PPBS），将PPBS建立在系统分析基础上，从效益和费用支出等多方面评价规划和计划。

20世纪70年代之后，LCC概念在一些发达国家，如美国、英国、澳大利亚等国已经普及。英国于20世纪70年代以LCC理论思想为基础，创立了设备综合工程学，把设备技术管理与经济管理结合起来，以追求设备全寿命周期的经济效益作为设备综合管理的目标。

日本于1971年提出全员生产管理，就是把设备管理的概念从单纯的运营维护阶段拓展到全寿命周期、全系统、全过程管理。日本设备工程协会于1978年成立了全寿命周期成本委员会，以研究和推动LCC理论的应用。到20世纪80年代，日本的LCC理论已经获得国际上的认可。1987年11月颁布了《全寿命周期成本评估概念、程序及应用》标准，并获得国际标准化组织ISO认证，LCC技术上升为标准，并以技术规范的形式加以推行。

进入20世纪80年代初，以英国造价管理界的学者为主的一批人，在全寿命周期成本管理方面做了大量研究并取得了突破，其中，O.Orshan的"全寿命周期成本——比较建筑方案的工具"一文从建筑设计方案比选的角度出发，探讨了在建筑方案设计中应该全面考虑项目的建造成本和运营维护成本的概念和思想。而Flanagan的"全寿命周期成本管理所涉及的问题"一文从建筑经济学的角度出发，深入探讨了全寿命周期成本管理中所涉及的一些主要问题。R.C.Petts和J.Brooks的"全寿命周期成本模型及其可能的应用"一文不但给出了全寿命周期成本管理的一套模型，而且全面探讨了全寿命周期成本管理的应用范围。

从1975年到1989年，LCC技术迅速发展并达到高潮，无论是政府机构还是私人部门都投入巨大的财力去研究开发，LCC技术被广泛应用到各个领域，如汽车、航空、计算机软件、制造业、商业投资、电信、医疗、建筑业等。这一阶段所发表的文献对LCC理论的各个方面进行了比较深入的研究，包括费用的分解、估算、建模、修正、分析以及评估。

20世纪80年代，美国材料实验协会（ASTM）开发了一个系统性的评估软件和一个国家数据库。然而，经过多年的实践运用后，人们发现采用LCC技术并没有获得预期经济收益。把LCC技术应用到大型工程项目，如医院、大学建设等，效果并不好。很快研究人员就发现，项目的不确定因素越多、工程越复杂，所得出的结果就越不可靠。1991年，著名的D.J.O Ferry和Roger Flanagan博士在他们的书"LCC——一个基本方法"中提出，把建设工程项目的全寿命周期划分为 11 个阶段（D.J.O Ferry；Roger Flanagan 1991），包括投资意向研究、可行性研究、施工图设计、设计审查、政府审批、投标报价、合同管理、调试、竣工后评估、运营及维护、报废或更新。研究人员可以把精力集中到其中一个阶段，这样就大大减小研究中的不确定因素，这种方法使 LCC 技术的应用得到极大改观，直到现在也仍然被广泛采纳。

1996 年国际电工委员会（IEC）发布了国际标准，并于 2004 年 7 月又发布了修订版。1999 年以英国、挪威为首的 50 多个国家和地区代表组建了 LCC 国际组织，同年 6 月美国总统克林顿签署了政府命令，各州政府所需的装备及工程项目，要求必须有 LCC 报告，没有 LCC 估算、评价，一律不准签约。此外，国际大电网会议（CIGRE）也在 2004 年提出要用全寿命周期成本来进行设备管理，鼓励生产厂家提供产品的 LCC 报告。20 世纪 90 年代以来，资产全寿命管理（Asset Life Cycle Management）在资产密集型企业中得到了广泛的关注。全球知名输配电企业纷纷引入先进的资产管理理念和方法，逐步将 LCC 管理应用到企业资产管理中，在资产管理计划中制定资产的全寿命周期管理策略，以实现经济、安全和稳定的电网资产运行，同时满足多方利益相关者要求、促进企业的持续健康发展。英国 NG 公司、新西兰 Ashburton 公司、法国 EDF Energy 公司、新加坡电力公司等多家国际知名电力公司纷纷引入全寿命周期管理理念，并在此领域开展了大量卓有成效的工作。

1.2.2.2　国内 LCC 理论的发展

LCC 技术在美国和日本等国从理论到实用化，经过了 40 多年的历程。而我国在 1987 年开始引进 LCC 理论，从消化、吸收，到理论研究探讨、推广应用，经历了 30 年的历程。1987 年，中国设备管理协会成立了 LCC 专业委员会，致力于推动 LCC 理论方法的研究和应用。1990 年 11 月，LCC 专业委员会召开了首届学术会议。1999 年 1 月在北京举办了影响较大的 LCC 全国讲习班，特邀了英国、挪威、美国等国的专家来华讲课，获得了明显的效果。截至 2005 年 8 月，LCC 委员会已举办了六届全国学术年会，并组织 LCC 论文交流，发表论文 3000 多篇，为推进我国 LCC 理论工作进程做出了积极贡献。

尽管我国全寿命周期成本技术的应用和研究起步较晚，但成绩显著。全寿命周期成本技术在不少军用和民用单位得到应用并取得了较大的成果。在军事领域，标准“装备费用—效能分析”以及军队使用标准“武器装备寿命周期费用估算”已分别在 1993 年、1998 年颁布实施。在民用企业、高校中也有不少单位正在积极研究和应用 LCC 技术。

在理论研究方面，以各大电网公司和国内各大高校为主力，使得 LCC 理论在电力系统中的应用方面取得了一系列成果。文章"全寿命周期成本管理在电力设备管理中的应用探讨"在深入分析全寿命周期成本构成及影响因素的基础上，提出基于设备状态的管理策略，并建成了相应的决策支持系统模型；"考虑全寿命周期成本的输电网多目标规划"一文中针对输电网整体建立了一个三维的 LCC 层级模型，将费用维度进一步分解为设备级、系统级以及外部环境成本；全寿命周期成本在电网规划中更是得到了广泛的应用，"全寿命周期成本及其在电网规划中的应用"中建立了以电网全寿命周期成本最小为目标的电网规划模型，并运用遗传—模拟退火算法求解；基于大电网差异化规划的原则和要求，"基于差异化全寿命周期成本的电网规划经济性评估方法"综合全寿命周期成本理论和灾害经济学中"有无对比"的原理，提出了一套差异化全寿命周期成本效益经济评估体系；"基于模糊数学的电网规划方案 LCC 模型不确定性分析"针对 LCC 模型中多个变量的不确定性引入模糊集理论对传统模型中的变量进行模糊化处理，有效地解决了模型中不确定因素的分析和计算。

国家电网公司把资产全寿命管理作为工作的重点之一，积极部署、大力推进，取得了可喜的成绩。《国家电网公司资产全寿命管理指导性意见》明确提出：要从源头开始抓资产全寿命管理工作，在电网规划设计阶段就开始贯彻资产全寿命管理理念，将寿命周期费用作为招投标的重要指标，要求对重大项目的决策进行寿命周期费用评估。国家电网公司 2013 年资产全寿命周期管理工作计划提出开展资产全寿命周期管理电网规划方案比选工作，并作为关键业务试点。

2003 年，华东电网有限公司以全寿命周期管理技术为突破，开展了设备采购、技术改造等领域的研究及应用。2004 年，上海电力公司成立上海市电力公司设备全寿命周期成本管理研究项目。2005 年，华东电网公司组织相关单位进行全寿命周期成本实施的讨论，上海市电力公司启动了资产管理项目，通过国际对标和咨询，制定了一系列的整改措施，在资产清理、拓展资产管理范畴、全寿命周期成本管理和设备监造抽检工作等方面取得了初步成果。2006 年，结合江苏斗山 500kV 变电站改造的实例，开展全寿命周期成本方法在技术改造中的应用研究。2007 年，国家电网公司以"两型一化"变电站和"两型三新"线路为契机，开展了提高变电站工程全过程寿命周期内效率和效益的研究，并在 2008 年举办了全寿命周期成本理论培训班，对各网省公司的基建部门、省级设计院等相关人员进行全寿命周期成本理论和技术培训。2008 年，国家电网公司在南昌召开全寿命周期成本变电站试点建设现场会，把全寿命周期成本作为资产管理的一个重要的环节,大力推行建设项目的全寿命周期管理。2009 年,山东电力集团召开会议,提出转变设备管理观念,优化设备检修周期,延长设备使用寿命,努力降低维护成本的要求。

国内另外一大电网公司南方电网公司也将资产全寿命周期管理作为一项重要工作。在广州电网制定的 2009 年"十六项创先工作方案"中,将资产全寿命周期管理单独列为一项,进行了详细说明以及工作部署,于 2012 年 6 月完成企业级资产管理信息系统的全省推广实施工作,全面实现资产全寿命周期业务闭环管理及全寿命周期成本管理。

1.2.3　LCC 的应用

1. LCC 技术在电力系统中的应用

LCC 技术在电力设备中的应用是其他所有应用的基础,目前已有一定的研究基础,其应用范围和内容主要包括设备选型与采购、设备运行检修策略、设备更新改造、设备寿命评估与延长四个部分,具体包括对变电站改造的经济性评价、对输电线路绝缘设计方案的选择、对变电站的设备规划选择等。

从目前的工作状况看,由于长期以来我国电力企业设备采购、运行、检修管理等模式的限制,LCC 技术实际应用范围不大且其理论及实践效果尚难以评估。LCC 技术的应用主要还是集中在某些特定的设备和运行维护阶段,缺乏大系统的观念,此外,LCC 模型也相对比较简单,不具备可比性。随着 LCC 技术的深入发展,不但需要建立、完善各种模型和管理策略,还需要考虑输电网设备互联对全网的影响,充分结合其他技术或新兴的研究手段。

在资产管理领域,LCC 技术也有较多应用,它是一种在可靠性的基础上使系统拥有最低全寿命成本的管理技术。广义而言,LCC 技术在电力设备中的应用也属于 LCC 管理,LCC 管理的实现需要建立在电力系统的 LCC 模型之上。与之不同的是,电力系统的 LCC 模型是以电力系统整体为研究对象,而资产管理需要结合准确的缺电成本计算、可靠性评估。

2. LCC 技术应用的难点

(1)全寿命周期费用预测。全寿命周期费用预测或费用估算是 LCC 成本计算和分析中必不可少的一环,在合理的寿命周期费用分解基础上研究尚未发生的费用,是进行方案取舍和经济可行性判断的重要依据和难点。费用预测的基本方法主要有参数法、类比法、工程法三种,具体而言又可分为趋势外推预测法、回归预测法、灰色系统预测法、神经网络预测法等。单独采用传统的工程法、参数法或模拟法等都已经不能满足现代工作的要求。对于没有可用来源的数据，目前广泛地采用人工智能的方法对其进行分析和预测。其中机器学习方法、神经网络、遗传算法都取得了一定成果。

（2）与风险评估的结合。在技术上，LCC 与风险评估技术相结合是其最大的难点之一。电力系统的风险评估是辨识失效事件发生的可能性以及这些事件后果的严重程度，往往趋向于衡量物理上的后果，如停电损失以及对社会公众的损害，而 LCC 技术则试图从财务上进行衡量。因此有必要建立统一的风险评估模型，将"可能性"以及"严重程度"转换为 LCC 度量，从而考察不同策略对设备风险的影响。

（3）数学模型求解算法研究。输电网规划要处理的信息数量多，变量维数大，合理的模型求解算法是输电网规划最终成功实现的关键和难点。目前，输电网规划数学模型的求解方法主要分为数学优化方法、一般启发式方法和现代启发式方法三大类，这三种方法都各有优劣和应用，面对未来智能电网环境下的多目标和多阶段规划，必须充分结合上述求解算法，深入研究性能优良的求解算法在特定场合对特定模型求解的应用问题，对不同的目标或阶段采用不同的方法进行求解。此外，对于不确定性因素也应进行适当的建模，并有相应的仿真方法进行模拟。

第2章 输电网规划内容与方法

为了完成一项输电网规划工作，首先需要对规划区域的国民经济和社会发展情况进行详细的调研，依据对区域未来经济产业发展的判断，运用适当的负荷预测方法提出合理的负荷预测结果，作为电网规划的基础。之后，结合负荷预测和电源发展规划开展变电容量分析，通过平衡计算得出规划期内需要新增的某一电压等级的变电容量，综合考虑规划区内各分区的负荷水平及增长，初步确定相应变电站的落点范围。接下来就是电网网架规划阶段，经过方案拟定、电气计算、经济比较等一系列工作，得到推荐的网架方案。

本章首先介绍了负荷预测，阐述了负荷的分类和常用的负荷预测方法，接着对电力潮流的几种具体计算方法做了详细介绍，之后重点对电力可靠性特别是停电损失进行了分析；最后对输电网规划方法进行了综述。

2.1 输电网规划中的负荷预测

电力负荷预测是电力部门的重要工作之一，准确的负荷预测，可以经济合理地安排电网内部发电机组的启停，保持电网运行的安全稳定性，减少不必要的旋转储备容量，合理安排机组检修计划，保障社会的正常生产和生活，有效地降低发电成本，提高经济效益和社会效益。同时，负荷预测的准确程度也将直接影响输电网的投资、网络布局和运行的合理性，因此，负荷预测在输电网规划中显得尤其重要。若负荷及电量预测不足，输电网的发展便不能适应实际发展的需要，无法满足用户正常用电需求，甚至还可能缺电。另外，若负荷及电量预测过高，则又会导致一些过多而不能充分利用的设备，从而引起投资的浪费。总之，准确可靠的负荷预测既能保证电力系统运行的安全性，又可提高电力运行的经济性，更是电网规划工作的基础和前提。

2.1.1 电力负荷的分类

电力负荷按不同要求进行分类,一般可根据需要从物理性能,电能生产、供给和销售过程,所属行业,分布及重要性等进行分类。

1. 按物理性能分类

负荷分为有功负荷和无功负荷。有功负荷指把电功率转化为其他形式的功率,在用电设备中实际消耗的功率。无功负荷一般由电路中电感或电容元件引起。负荷预测主要是有功负荷的预测,通常根据有功负荷预测结果来制订电网规划方案,并依据规划方案,进行无功平衡计算,配置合理的无功补偿设备,满足无功负荷需求。

2. 按电能的生产、供给和销售过程分类

负荷可分为发电负荷、供电负荷和用电负荷。发电负荷是指某一时刻电力系统内各发电厂实际发电出力的总和。发电负荷减去各发电厂厂用负荷后,就是系统的供电负荷,它代表了由发电厂供给电网的电力。供电负荷减去电网中线路和变压器的损耗后,就是系统的用电负荷。也就是系统内各个用户在某时刻所耗用电力的总和。电网规划设计中,通常用发电负荷进行电力平衡。发电负荷、供电负荷的计算公式为

$$供电负荷 = 用电负荷 / (1-线损率) \qquad (2-1)$$

$$发电负荷 = 供电负荷 / (1-用电率) \qquad (2-2)$$

厂用电负荷占本厂额定发电出力的百分数称为厂用电率,由于机型和燃料种类的差异,不同电厂的用电率是不同的。线路及变压器等电力设备中的电力损失占供电负荷的百分数称为线损率,可根据统计数据获得,缺乏数据时,一般可考虑 5%~10%。

3. 按所属行业分类

按所属行业不同,可分为国民经济行业用电和城乡居民生活用电,也可分为第一产业、第二产业、第三产业和城乡居民用电。其中国民经济行业用电可分为七大类,如表 2-1 所示。按所属行业对用电负荷进行分类,根据各行业的发展趋势和特点进行分别预测,叠加得到总预测值。

4. 按负荷的重要性分类

根据对供电可靠性的要求及中断供电在政治经济上所造成的损失或影响的程度进行分级,分为一级负荷、二级负荷和三级负荷,见表 2-2。

表 2-1　　　　　　　　　　　　按国民经济行业划分

第一产业	农、林、牧、渔、水利业
第二产业	工业
	建筑业
第三产业	地质普查和勘探业
	交通运输、邮电通信业
	商业、公共饮食业、物资供销和仓储业
	其他事业

表 2-2　　　　　　　　　　　　按负荷重要性划分

一级负荷	中断供电将造成人员伤亡
	中断供电将在政治经济上造成重大损失
二级负荷	中断供电将在政治经济上造成较大损失
	中断供电将影响重要用电单位的正常工作
三级负荷	不属于一级和二级负荷者应为三级负荷

2.1.2　负荷预测的分类

按照负荷预测的周期可以将其分为调度预测、短期预测、中期预测和长期预测四种，应用于电网规划的负荷预测主要有短、中、长期三种：

1. 短期预测

短期预测的预测周期为 1 年以内，主要是为电力系统规划，特别是输电网规划服务的。由于短期负荷预测的时间较短，与电力系统的近（短）期发展直接相关，因此短期负荷预测的准确与否对于电力系统而言是十分重要的。

2. 中期预测

中期预测的预测周期为 2~10 年，主要用于电力系统规划，包括发电设备及输变电设备的扩建计划、退役计划和改建计划，同时也影响电力网络的规划。它不同于为系统运行服务的超短期负荷预测。中期负荷预测主要是为系统的增容规划服务的，它是电力负荷预测中一个重要的研究领域，特别是在进行电力网络规划时其重要性更加明显。

3. 长期预测

长期预测的预测周期为 10~30 年，主要用来制定电力工业战略规划，包括燃料需求量、一次能源平衡、系统最终发展目标以及必要的技术更新、科研规划等。但是长期负荷预测的涉及面相当广，因为它牵涉国民经济计划制定与实际发展的各个方面，常常无法只依赖电力系统本身的信息与资料而完成。一般应用于对某些大型的电力建设项目进行效益论证或是进行电力系统远景规划等情况。

2.1.3　负荷预测的方法

负荷预测的目的是预测将来某个时间点的负荷值或将来包括多个时间点的负荷曲线，本质上来说就是在时域对负荷特性进行建模。然而，由于受到各种社会、经济、环境等不确定性因素的影响，电力负荷是不可控的，因此进行完全准确的负荷预测是十分困难的。多年来经过国内外学术界和工程界的不懈努力和研究，通过对不同负荷特性的研究和处理，以及各种方法在实际中的应用，目前电力负荷预测技术已日趋成熟，并已取得了一系列成果，在电力系统的规划、运行等方面发挥了重要的作用。

本节着重讨论负荷预测中最常用回归分析法、时间序列法、神经网络、灰色预测法。

1. 回归分析法

回归分析法是利用数理统计原理，对大量的统计数据进行数学处理，并确定用电量与某些自变量，如人口、国民经济产值等之间的相关关系，建立一个相关性较好的数学模式，即回归方程，并加以外推，用来预测今后的用电量。回归分析包括一元线性、多元线性和非线性回归法。

一元线性回归方程以 $y=a+bx$ 表示，其中 x 为自变量，y 为因变量，a，b 为回归系数；多元线性回归方程为 $y=a_0+a_1x_1+a_2x_2+\cdots+a_nx_n$；非线性回归方程因变量与自变量不是线性关系，如 $y=ax+bx^n$ 等，但经过变换后仍可转换为线性回归方程。

根据历史数据，选择最接近的曲线函数，然后用最小二乘法使其间的偏差之平方和为最小，求解出回归系数，并建立回归方程。然后再用相关系数检验，确认合格后，则回归方程是有意义的，并可算出回归方程的标准偏差，作出回归方程所预测结果的置信度。回归方程求得以后，把待求的未来点代入方程，就可以得到预测值。从理论上讲，任何回归方程的适用范围一般只限于原来观测数据的变化范围内，不允许外推，然而实际上总是将回归方程在适当范围内外推。

用回归法预测负荷时，若取用过去若干年的历史资料正处于发展上涨快的时期，则预测未来越来越快，反之，若取用下降时，则预测未来越来越慢。目前这种方法在国内的工程中实际应用不多。

2. 时间序列法

历史负荷记录按照时间顺序形成一个序列，因此时间序列方法可用于预测将来的负荷曲线。与回归方法依赖于其他影响到电力负荷的变量不同，时间序列方法是根据历史统计资料，总结出电力负荷发展水平或负荷的年增长率或负荷的多年平均增长率（5 年或 10 年）与时间先后顺序的关系。即把时间序列作为一个随机变量序列，用概率统计的方法，尽可能减少偶然因素的影响，做出电力负荷（或增长率）随时间序列所反映出来的发展方向与趋势，并进行外推，以预测未来负荷的发展水平。简单平均法、加权平均法等都属于时间序列法。时间序列法一般用于中长期电力负荷预测中，尤其是常用负荷的多年平均增长率来预测中长期的负荷增长水平。根据负荷预测目的的不同，时间序列可以是每小时、每天、每周，甚至是每月的峰值数据。

3. 人工神经网络法

回归预测需要指定负荷和相关变量之间的解析关系，有时这种关系可能不能用任何显式的线性或非线性函数表示，此时，神经网络预测方法成为一个好的选择。

神经网络预测技术可以模仿人脑的智能化处理，对大量非结构性、非精确性规律具有自适应功能，具有信息记忆、自主学习、知识推理和优化计算的特点，它不需要任何负荷模型，并具有很好的函数逼近能力，较好地解决天气和温度等因素与负荷的对应关系，基于历史数据，通过学习建立多个输入和输出之间复杂的非线性映射关系。但是这种方法的训练过程比较消耗时间，并且不能保证一定收敛，同时神经网络的结构确定、输入变量的恰当选取、隐含层数目及其节点数的多少等问题都要在实践中进行摸索。

4. 灰色预测法

灰色系统理论将一切随机变化量看作是在一定范围内变化的灰色量，常用累加生成和累减生成的方法，将杂乱无章的原始数据整理成规律性较强的生成数据序列，形成灰色模型（Grey Model，GM）的微分方程。

应用灰色理论进行负荷预测，具有样本少、计算简单、精度高和实用性好的优点。从理论上讲，灰色预测模型可以适用于任何非线性变化的负荷指标预测，但由于灰色预测模型是呈指数（增长或者递减）变化的模型，其预测精度与被预测对象的变化规律密切相关，当原始数据波动，如上下连续波动、指数波动、倍数波动时，预测的精度就较差。

综上所述，各种预测方法都具有其各自的优缺点和适用范围，必须根据实际情况，着重从预测目标、期限、精确度和预测耗费等诸多方面做出合理选择，在预测成本允许的范围内，寻求能获取所需精度的预测方法。

2.2 输电网规划中的计算分析

输电网规划问题可看做是电力系统分析、决策领域一系列理论工程问题的集合，换句话说，输电网规划是以一系列电力系统分析和计算为基础的，这些基础性的计算分析包括潮流计算、最优潮流问题求解、停电损失计算等。其中，潮流计算是输电网规划安全稳定校核和生产模拟的前提；最优潮流问题则是输电网规划中常常关注的问题；而基于可靠性的停电损失计算，则是输电网规划中计算可靠性成本和可靠性效益的理论基础。本节将重点针对以上三个问题进行介绍。

2.2.1 潮流计算

潮流计算分析是输电规划最基本的分析，根据目前已有的潮流分析程序和软件，本节给出潮流分析的概述。

极坐标下潮流方程为

$$P_i = V_i \sum_{j=1}^{N} V_j \left(G_{ij} \cos \delta_{ij} + B_{ij} \sin \delta_{ij} \right), \quad i=1,2,\cdots,N \qquad (2-3)$$

$$Q_i = V_i \sum_{j=1}^{N} V_j \left(G_{ij} \sin \delta_{ij} - B_{ij} \cos \delta_{ij} \right), \quad i=1,2,\cdots,N \qquad (2-4)$$

式中　P_i——节点 i 的注入有功功率，kW；

　　　Q_i——节点 i 的注入无功功率，kvar；

　　　V_i——节点 i 的电压幅值，V；

　　　δ_i——节点 i 的电压相角，(°)；

　　　G_{ij}——节点导纳矩阵元素的实部；

　　　B_{ij}——节点导纳矩阵元素的虚部；

　　　N——系统总节点数。

其中 $\delta_{ij}=\delta_i-\delta_j$；每个节点有四个变量（$P_i$、$Q_i$、$V_i$ 和 δ_i）。为了求解式（2-3）和式（2-4）给出的 $2N$ 个方程，每个节点必须先给定四个变量中的两个。一般地，负荷节点的 P_i 和 Q_i 已知，被称为 PQ 节点。发电机节点的 P_i 和 V_i 给定，被称为 PV 节点。系统中必须有一个节点给定 V_i 和 δ_i 以平衡系统的功率，该节点被称为平衡节点。

1. 牛顿—拉夫逊法

牛顿—拉夫逊法是求解非线性方程组的常用方法。将式（2-3）和式（2-4）线性化后得到如下矩阵方程

$$\begin{bmatrix} \Delta P \\ \Delta Q \end{bmatrix} = \begin{bmatrix} J_{P\delta} & J_{PV} \\ J_{Q\delta} & J_{QV} \end{bmatrix} \begin{bmatrix} \Delta \delta \\ \Delta V / V \end{bmatrix} \tag{2-5}$$

雅可比矩阵是（$N+ND-1$）维方阵，N 和 ND 分别是系统总节点数和负荷节点数。$\Delta V/V$ 是一个向量，其中的元素是 $\Delta V_i/V_i$。雅可比矩阵元素按下列公式计算

$$(J_{P\delta})_{ij} = \frac{\partial P_i}{\partial \delta_j} = V_i V_j (G_{ij} \sin \delta_{ij} - B_{ij} \cos \delta_{ij}) \tag{2-6}$$

$$(J_{P\delta})_{ii} = \frac{\partial P_i}{\partial \delta_i} = -Q_i - B_{ii} V_i^2 \tag{2-7}$$

$$(J_{PV})_{ij} = \frac{\partial P_i}{\partial V_j} V_j = V_i V_j (G_{ij} \cos \delta_{ij} + B_{ij} \sin \delta_{ij}) \tag{2-8}$$

$$(J_{PV})_{ij} = \frac{\partial P_i}{\partial V_i} V_i = P_i + G_{ii} V_i^2 \tag{2-9}$$

$$(J_{Q\delta})_{ij} = \frac{\partial Q_i}{\partial \delta_j} = -(J_{PV})_{ij} \tag{2-10}$$

$$(J_{Q\delta})_{ii} = \frac{\partial Q_i}{\partial \delta_i} = P_i - G_{ij} V_i^2 \tag{2-11}$$

$$(J_{QV})_{ij} = \frac{\partial Q_i}{\partial V_j} V_j = (J_{P\delta})_{ij} \tag{2-12}$$

$$(J_{QV})_{ii} = \frac{\partial Q_i}{\partial V_i} V_i = Q_i - B_{ii} V_i^2 \tag{2-13}$$

牛顿—拉夫逊法求解是一个迭代过程。给定节点电压幅值 V_i 和相角 δ_i 的初始值，形成雅可比矩阵，解方程（2-5）得 $\Delta \delta_i$ 和 ΔV_i 修正节点电压 V_i 和 δ_i。重复该过程直到所有节点的不匹配功率小于某给定值。

2. 快速解耦法

高压输电系统中，支路电抗通常比电阻大很多，且首末端节点间的电压

相角差很小，致使矩阵子块 J_{PV} 和 $J_{Q\delta}$ 中的元素远小于 $J_{P\delta}$ 和 J_{QV} 中的元素值。假定 $J_{PV}=0$ 且 $J_{Q\delta}=0$，则方程（2-5）能被解耦。考虑到 $|G_{ij}\sin\delta_{ij}| \ll |B_{ij}\sin\delta_{ij}|$ 且 $|Q_i| \ll |B_{ii}V_i^2|$，则解耦后的方程可进一步简化为

$$\left[\frac{\Delta P}{V}\right] = [B'][V\Delta\delta] \tag{2-14}$$

$$\left[\frac{\Delta Q}{V}\right] = [B''][\Delta V] \tag{2-15}$$

上式中的 $[\Delta P/V]$ 和 $[\Delta Q/V]$ 是单个向量，其元素分别为 $\Delta P_i/V_i$ 和 $\Delta Q_i/V_i$。常数矩阵 $[B']$ 和 $[B'']$ 可表示为

$$B'_{ij} = \frac{-1}{x_{ij}} \tag{2-16}$$

$$B'_{ii} = -\sum_{j\in R_i} B'_{ij} \tag{2-17}$$

$$B''_{ij} = \frac{-x_{ij}}{r_{ij}^2 + x_{ij}^2} \tag{2-18}$$

$$B''_{ii} = -2b_{i0} - \sum_{j\in R_i} B''_{ij} \tag{2-19}$$

式中　r_{ij}——支路电阻，Ω；

x_{ij}——支路电抗，Ω；

b_{i0}——节点 i 与地之间的电纳，S；

R_i——与节点 i 直接相连的节点集合。

相较于牛顿—拉夫逊法，快速解耦法用两个对角矩阵代替了以前的大矩阵，其计算速度更快。并且其修正方程的系数矩阵为对称常数矩阵，在迭代过程中可保持不变。快速解耦法具有线性收敛性，与牛顿—拉夫逊法相比，当收敛到同样精度时其迭代次数更多。总体来看，快速解耦法的速度要快于牛顿—拉夫逊法。

3. 直流潮流法

直流潮流方程基于以下四个假设：

（1）支路电阻比其他电抗小很多，因此支路电纳可近似计算如下

$$b_{ij} \approx \frac{-1}{x_{ij}} \tag{2-20}$$

（2）支路两端的电压相角差很小，则

$$\sin \delta_{ij} \approx \delta_i - \delta_j \tag{2-21}$$

$$\cos \delta_{ij} \approx 1.0$$

（3）节点与地之间的导纳可忽略，即

$$b_{i0} = b_{j0} \approx 0 \tag{2-22}$$

（4）所有节点电压幅值标幺值假设为 1.0。

基于以上四个假设，流过支路的有功功率可按式（2-23）计算

$$P_{ij} = \frac{\delta_i - \delta_j}{x_{ij}} \tag{2-23}$$

注入节点的有功功率为

$$P_i = \sum_{j \in R_i} P_{ij} = B'_{ii} \delta_i + \sum_{j \in R_i} B'_{ij} \delta_j, \quad i = 1, 2, \cdots, N \tag{2-24}$$

式中 B'_{ij} 和 B'_{ii} 是已知的，分别由式（2-16）和式（2-17）计算得到。

采用矩阵形式，方程（2-24）能够表达为

$$[P] = [B'][\delta] \tag{2-25}$$

显然，这是一组简单线性代数方程，它的求解不需要迭代。设节点 n 是平衡节点，置 $\delta_n = 0$，则 $[B']$ 是（$N-1$）维方阵，与式（2-17）中的 $[B']$ 完全相同。

将式（2-23）代入方程（2-25），可得节点注入有功功率与支路有功潮流的线性关系

$$[T_p] = [A][P_{ij}] \tag{2-26}$$

式中　T_p——支路潮流向量；

　　　P_{ij}——支路潮流元素；

　　　A——节点注入有功功率与支路有功潮流的关系矩阵。

矩阵 $[A]$ 可以直接从 $[B']$ 计算得到。假设支路 k 的两端分别连接 i 和 j 节点，对于 $k = 1, 2, \cdots, L$，$[A]$ 矩阵的第 k 行是下列线性方程组的解

$$[B'][X] = [C] \tag{2-27}$$

其中

$$C = \left[0,\cdots,0,\ \frac{1}{x_{ij}}\ ,0,\cdots,0,\ -\frac{1}{x_{ij}}\ ,0,\cdots,0 \right]^{\mathrm{T}} \tag{2-28}$$

第i个元素　　　　　第j个元素

直流潮流算法忽略了线路电阻和并联支路，同时不考虑无功与电压之间的关系，数学模型是一组线性方程；交流潮流算法则相对准确，数学模型是一组非线性方程。但直流潮流模型求解无须迭代，只需一次计算即可得到各节的电压相角，因此仍被广泛用于电力系统分析和规划的各种场合中。

2.2.2　最优潮流计算

最优潮流（Optimal Power Flow，OPF）是指从电力系统优化运行的角度来调整系统中各种控制设备的参数，在满足节点正常功率平衡及各种安全指标的约束下实现目标函数最小化的优化过程。通常优化潮流分为有功优化和无功优化两种，其中有功优化目标函数是发电费用或发电耗量，无功优化的目标函数是全网的网损。由于最优潮流是同时考虑网络的安全性和经济性的分析方法，因此在电力系统的安全运行、经济调度、电网规划、复杂电力系统的可靠性分析、传输阻塞的经济控制等方面得到广泛的应用。在现代考虑需求侧主动控制的输电网规划问题中，OPF 常作为其子问题出现，其目标是在输电网规划过程中通过需求侧主动控制使系统网损达到最小。

对于输电网规划中的最优潮流问题，有不同的求解方法。确定性的方法包括牛顿法、传统的非线性规划方法和内点法（Interior Point Method，IPM）。一般来说，对于大规模的最优潮流问题，内点法比其他的确定性方法更有效。本节主要介绍标准的最优潮流模型及其内点法。

1. 最优潮流模型

潮流模型中，发电机节点的有功功率和电压是已知的。最优潮流模型与其本质的不同在于发电机节点的有功功率和电压是用带有目标函数和约束条件的最优化模型计算出来的。发电机的有功功率和电压经常是需要进行优化的控制变量，最优潮流模型也能包括其他的控制变量，如无功控制设备的无功功率和变压器变比等。一般来说，负荷节点的电压幅值和相角是状态变量。标准的最优潮流模型表示为

$$\min f(P_{\mathrm{G}},\ V_{\mathrm{G}},\ Q_{\mathrm{C}},\ K) \tag{2-29}$$

s.t

$$P_{Gi} - P_{Di} = V_i \sum_{j=1}^{N} V_j \left(G_{ij} \cos\delta_{ij} + B_{ij} \sin\delta_{ij} \right), \quad i = 1,2,\cdots,N \tag{2-30}$$

$$Q_{Gi} + Q_{Ci} - Q_{Gi} = V_i \sum_{j=1}^{N} V_j \left(G_{ij} \sin\delta_{ij} - B_{ij} \cos\delta_{ij} \right), \quad i = 1,2,\cdots,N \tag{2-31}$$

$$P_{Gi}^{\min} \leq P_{Gi} \leq P_{Gi}^{\max}, \quad i = 1,2,\cdots,NG \tag{2-32}$$

$$Q_{Gi}^{\min} \leq Q_{Gi} \leq Q_{Gi}^{\max}, \quad i = 1,2,\cdots,NG \tag{2-33}$$

$$Q_{Ci}^{\min} \leq Q_{Ci} \leq Q_{Ci}^{\max}, \quad i = 1,2,\cdots,NC \tag{2-34}$$

$$K_t^{\min} \leq K_t \leq K_t^{\max}, \quad t = 1,2,\cdots,NT \tag{2-35}$$

$$V_i^{\min} \leq V_i \leq V_i^{\max}, \quad i = 1,2,\cdots,N \tag{2-36}$$

$$-T_l^{\max} \leq T_l \leq T_l^{\max}, \quad i = 1,2,\cdots,NB \tag{2-37}$$

式中　P_{Gi}——节点 i 的发电有功功率变量，kW；

$\quad\quad Q_{Gi}$——节点 i 的发电无功功率变量，kvar；

$\quad\quad P_{Di}$——节点 i 的负荷有功功率，kW；

$\quad\quad Q_{Di}$——节点 i 的负荷无功功率，kvar；

$\quad\quad Q_{Ci}$——节点 i 的无功电源设备的无功功率的变量，kvar；

$\quad\quad K_t$——变压器 t 的变比变量；

$\quad\quad T_l$——支路 l 上的功率，MVA；

$\quad\quad T_l^{\max}$——支路 l 的额定容量极限值，MVA；

$\quad\quad V_{Gi}$——发电节点 i 的电压，V。

N、NG、NC、NT 和 NB 分别是系统中所有节点、发电机节点、无功设备节点、变压器和支路的数目；目标函数中，P_G、V_G、Q_C 和 K 是控制变量向量，其元素分别是 P_{Gi}、V_{Gi}、Q_{Ci} 和 K_t。其中，式（2-32）~式（2-37）是相应变量的上下限约束；V_i、δ_{ij}、G_{ij} 和 B_{ij} 与上一小节中定义的相同；值得注意的是，每个 K_t 隐式地包含在节点导纳矩阵的元素（G_{ij} 和 B_{ij}）和变压器的 T_l 中。线路的 T_l 计算为

$$T_l = \max\{T_{mn}, T_{nm}\} \tag{2-38}$$

式中　T_{mn}，T_{nm}——流过支路 l 两端的功率，MVA；

$\quad\quad m$，n——支路 l 两端的节点号。

从节点 m 到节点 n 的功率（MVA）计算为

$$T_{mn} = \sqrt{P_{mn}^2 + Q_{mn}^2} \qquad (2-39)$$

$$P_{mn} = V_m^2 (g_{m0} + g_{mn}) - V_m V_n (b_{mn} \sin \delta_{mn} + g_{mn} \cos \delta_{mn}) \qquad (2-40)$$

$$Q_{mn} = -V_m^2 (b_{m0} + b_{mn}) + V_m V_n (b_{mn} \cos \delta_{mn} - g_{mn} \sin \delta_{mn}) \qquad (2-41)$$

式中　　g_{mn}——支路 l 的电导，S；

　　　　b_{mn}——支路 l 的电纳，S；

　　　　g_{m0}——该支路在节点 m 处的对地等值电导，S；

　　　　b_{m0}——该支路在节点 m 处的对地等值电纳，S。

变压器的 T_l 可用类似的方法计算，不同的是需要在式（2-40）和式（2-41）中引入变比 K_t，以及 $g_{m0}+jb_{m0}$ 应等于零。

根据不同的目的有不同的目标函数表达式。最常见的目标函数是网损最小，常用于输电网规划，即

$$f = \left(\sum_{i=1}^{NG} P_{Gi} - \sum_{i=1}^{N} P_{Di} \right) \to \min \qquad (2-42)$$

许多情况下，第二项（所有节点负荷总和）是恒定的常数，求解中不起作用，除非某些节点的负荷是作为可变的变量（考虑负荷侧管理的模型）。网损最小的目标函数也能表示为所有支路损耗总和最小。

显然，式（2-42）的目标函数是式（2-28）的特例，其中，Q_C 和 K 已知，V_G 是状态变量向量。最优潮流是一种灵活的优化模型，能够固定任何控制变量。如果固定除平衡节点外的发电机节点的有功功率，则最优潮流变成了无功优化模型，可用于无功电源规划。此时，如果优化目标仍然是网损最小，则目标函数就是平衡节点的有功输出。如果必要，则无功优化的控制变量可进一步限定到只包括变压器分接头变比（或无功设备的无功功率输出），以分析变压器分接头（或无功设备）的作用。需要注意的是，变压器变比和电容器或电抗器组的无功功率输出是不连续的整数变量。数字上，这种优化问题是一个整数规划问题。但是，为简化计算，它们经常被近似地处理为连续的变量。在完成优化计算后，这些变量的结果四舍五入到最接近的离散值。这样的处理可以得出次优解。

式（2-32）~ 式（2-40）给出的优化模型只是一个有代表性的例子。根据所求解的问题有不同的最优潮流模型。最优潮流的概念也能扩展到输电网规划的其他优化问题，其中，潮流方程仍然作为等式约束，但是会有不同的目标函数和更多的约束被引入。任何情况下，优化模型的数学形式和求解方法是类似

的。因此，以下将以一般的形式描述求解优化问题的内点法。

2. 内点法

内点法的特点是将构造的新的无约束目标函数——惩罚函数定义在可行域内，并在可行域内求惩罚函数的极值点。

式（2-29）~ 式（2-37）给出的最优潮流模型或任何其他的优化模型都能简写为以下形式

$$
\left.
\begin{aligned}
&\min f(x) \\
&\text{s.t.} \\
&g(x) = 0 \\
&\underline{h} \leq h(x) \leq \bar{h}
\end{aligned}
\right\}
\tag{2-43}
$$

式中　f —— 标量函数；

　　　x —— 控制变量向量；

　　　g —— 等式约束函数向量；

　　　h —— 不等式约束函数向量。

值得注意的是，不等式约束 $\underline{h} \leq h(x) \leq \bar{h}$ 具有一般性的含义，也包含了控制变量向量本身的不等式约束 $\underline{x} \leq x \leq \bar{x}$。

式（2-43）的不等式约束能够通过引入非负的松弛向量 y 和 z 转化为如下的等式约束

$$
\left.
\begin{aligned}
&\min f(x) \\
&\text{s.t.} \\
&g(x) = 0 \\
&h(x) - y - \underline{h} = 0 \\
&-h(x) - z + \bar{h} = 0 \\
&y \geq 0, z \geq 0
\end{aligned}
\right\}
\tag{2-44}
$$

松弛向量 y 和 z 的非负条件可以通过在目标函数中引入对数惩罚因子来保证，这样式（2-44）可变为

$$
\left.
\begin{aligned}
&\min f(x) - \mu^k \sum_{i=1}^{m} (\ln y_i + \ln z_i) \\
&\text{s.t.} \\
&\qquad g(x) = 0 \\
&\ h(x) - y - \underline{h} = 0 \\
&-h(x) - z + \bar{h} = 0
\end{aligned}
\right\}
\tag{2-45}
$$

式（2-45）中对数惩罚因子对松弛变量施加了严格的正值条件，因此不需要显式表达其非负约束。μ^k 称为障碍参数，其上标 k 表示求解过程中的迭代次数，将在下面讨论。式（2-45）表达的等式约束优化问题能够用拉格朗日乘子法进行求解。拉格朗日函数 $L_\mu(w)$ 构成如下

$$L_\mu(w) = f(x) - \mu^k \sum_{i=1}^{m}(\ln y_i + \ln z_i) - \lambda^T g(x) - \gamma^T [h(x) - y - \underline{h}] - \pi^T [-h(x) - z + \overline{h}] \quad (2-46)$$

式中　w，λ，γ，π——对偶变量向量；

x，y，z——原始变量向量，其中 x 是 n 维向量，λ 是 l 维向量，其他变量是 m 维向量。

根据库恩—塔克最优性条件，拉格朗日函数当其梯度为零时达到局部最小

$$\frac{\partial L_\mu(w)}{\partial w} = \begin{bmatrix} \left[\dfrac{\partial f(x)}{\partial x}\right] - \left[\dfrac{\partial g(x)}{\partial x}\right]^T \lambda - \left[\dfrac{\partial h(x)}{\partial x}\right]^T \gamma + \left[\dfrac{\partial h(x)}{\partial x}\right]^T \pi \\ \gamma - \mu^k Y^{-1} u \\ \pi - \mu^k Z^{-1} u \\ -g(x) \\ -h(x) + y + \underline{h} \\ h(x) + z - \overline{h} \end{bmatrix} = [0] \quad (2-47)$$

式中，$Y = \text{diag}(y_1, y_2, \cdots, y_m)$；$Z = \text{diag}(z_1, z_2, \cdots, z_m)$；$u = (l, l, \cdots, l)^T$。用 Y 和 Z 分别左乘式（2-47）的第二项和第三项，得：

$$\frac{\partial L_\mu(w)}{\partial w} = \begin{bmatrix} \left[\dfrac{\partial f(x)}{\partial x}\right] - \left[\dfrac{\partial g(x)}{\partial x}\right]^T \lambda - \left[\dfrac{\partial h(x)}{\partial x}\right]^T \gamma + \left[\dfrac{\partial h(x)}{\partial x}\right]^T \pi \\ Y\gamma - \mu^k u \\ Z\pi - \mu^k u \\ -g(x) \\ -h(x) + y + \underline{h} \\ h(x) + z - \overline{h} \end{bmatrix} = [0] \quad (2-48)$$

式（2-48）中的第一项与 $\gamma \geq 0$ 和 $\pi \geq 0$ 一起确保了对偶可行性；第四、五、六项与 $y \geq 0$ 和 $z \geq 0$ 一起确保了原始可行性；第二项和第三项称为互补条件。

求解式（2-43）的原对偶内点法是一个迭代过程。给定初始的 μ^0 和 w^0，求解非线性方程组（2-48），沿校正方向计算步长，然后更新向量 w。减小障碍参数 μ^k 重复以上步骤。在整个迭代过程中，松弛变量和乘子的非

负性都必须得到保证。当原始可行性和对偶可行性的违反量，以及互补性间隙小于预先给定的允许误差时，迭代结束。当 μ^k 趋于零时，求解过程在可行域内逐渐趋于最优。由于求解无约束问题时的探索点总是在可行域内部，这样在求解内点惩罚函数的序列无约束优化问题的过程中，所求得的系列无约束优化问题的解总是可行解，从而在可行域内部逐步逼近原约束优化问题的最优解。

2.2.3　基于可靠性的停电损失计算

随着社会的发展，电网的大规模互联成为世界范围内电力系统发展的必然趋势。大电网的互联和电力市场机制的引入给人们带来巨大利益的同时，大电网的安全运行却向人们提出了非常具有挑战性的问题。大面积的缺电或停电将会造成巨大的经济和社会损失。本节基于输电网可靠性的研究，提出停电损失多种分析方法，以便应用于不同的场景中。

2.2.3.1　输电系统可靠性指标

输电系统可靠性是对从电源点输送电力到供电点按可接受标准及期望数量满足供电负荷电力和电能量需求的能力，它包括充裕性和安全性两个方面。本节中提到的指标均指充裕性指标，是反映在研究时间段内输电系统在静态条件下系统容量满足负荷电力和电能量需求的程度。

充裕性指标一般用年值表示，分为负荷点指标和系统指标两类。负荷点充裕性指标是对系统中每一个负荷点而言，表明事故的局部影响。负荷点充裕性又分为基本值、最大值和平均值三种，它们分别反映某种系统故障时供电点基本可靠性特征量、故障严重程度和充裕性平均水平。系统的充裕性指标反映系统事故对整个输电系统的影响，表明事故的全局影响。系统的充裕性指标包括系统停电指标、系统削减电量指标、严重性指标，每次扰动造成的平均削减负荷量、每个负荷点平均值，事故时的削减负荷与少供电量的最大值。

指标定义及公式如下。

（1）切负荷概率 PLC（probability of load curtailments）

$$PLC = \sum_{i \in S} \frac{t_i}{T} \qquad (2\text{-}49)$$

式中　S——有切负荷情况发生的系统状态集合；

　　　t_i——系统状态 i 的持续时间，h；

　　　T——总模拟时间，h。

（2）切负荷频率 EFLC（expected frequency of load curtailments）（次/a）

$$EFLC=8760N_i/T \tag{2-50}$$

式中 N_i——切负荷的状态数。

（3）切负荷持续时间 EDLC（expected duration of load curtailments）（h/a）

$$EDLC=8760PLC \tag{2-51}$$

（4）每次切负荷持续时间 ADLC（average duration of load curtailments）（h/次）

$$ADLC=EDLC/EFLC \tag{2-52}$$

（5）负荷切除期望值 ELC（expected load curtailments）（MW/a）

$$ELC = \frac{8760}{T} \sum_{i \in S} C_i \tag{2-53}$$

式中 C_i——系统状态 i 的切负荷量。

（6）电量不足期望值 EENS（expected energy not supplied）（MWh/a）

$$EENS = \frac{8760}{T} \sum_{i \in S} C_i t_i \tag{2-54}$$

EENS 是能量指标，对于可靠性经济评估、最优可靠性、系统规划等均具有重要意义，且在电力市场环境下可换算为经济损失，所以 EENS 是充裕度评估中非常重要的指标。

（7）系统停电指标 BPII（bulk power interruption index）（MW/MWa^{-1}），是指系统故障在供电点引起的削减负荷的总和与系统最大负荷之比，它表明在一年中每兆瓦负荷对应的平均停电兆瓦数

$$BPII=ELC/L \tag{2-55}$$

（8）系统削减电量指标 BPECI（bulk power energy curtailment index）（MWh/MWa^{-1}），是指系统故障在供电点引起的削减电量总和与系统年最大负荷之比

$$BPECI=EENS/L \tag{2-56}$$

2.2.3.2 可靠性分析方法

电能作为清洁和方便的二次能源，在推进社会进步，提高人民生活质量方面发挥着越来越重要的作用。人们对电力的依赖程度也越来越高，凸显出电力系统可靠性的重要。经济的发展，使用户对供电可靠性和电能质量的要求也越

来越高，因此需要找到一种能够切实可行的电力系统可靠性评估方法，以促进供电可靠性的提高。

电力系统可靠性分为充裕性（Adequacy）和安全性（Security），充裕性反映在研究时间段内，在静态条件下系统容量满足负荷电力和电量需求的程度；安全性反映短时内，在动态条件下系统容量满足负荷需求的程度。长期以来，由于安全性评估中建模困难和算法方面的复杂性，有关安全性的研究还不够完善，电力系统可靠性研究主要集中在充裕性方面。目前电力系统可靠性评估方法使用较多的有枚举法和蒙特卡洛法。

1. 枚举法

枚举法是一种评估电力系统可靠性的解析方法。它根据系统中所有元件处于完好状态和故障状态的概率、频率以及元件间的功能关系计算系统的可靠性指标。若系统有 N 个独立元件，每个元件有 m 个状态，那么系统状态总共有 m^N 种，计算量庞大，因此通常只计算那些概率大、对系统功能影响大的系统状态，求得系统可靠性指标的近似值。

应用枚举法的主要步骤包括选择偶发事件、分析偶发事件构成的系统状态、综合同类可靠性指标三步。

（1）选择偶发事件。选择偶发事件时，一般主要选择故障概率大的偶发事件。可首先选择单重故障事件，然后选择二重故障事件，如有必要再分析三重故障事件。

（2）分析偶发事件构成的系统状态。为了区分元件故障对系统状态的影响，需要对系统进行功能计算，为了检验发输电系统的充裕度需进行潮流计算，为了检验安全性需进行稳定计算。如果在给定元件故障时系统能完成其预定功能，那么该系统状态就属于完好状态，否则就属于故障状态。发现系统故障状态后，往往还要对故障后果进行分析，计算相应的可靠性指标。若在采取补救措施后仍然不能消除输、变电元件的过负荷，就要削减某些负荷点的负荷，从而估计故障的严重程度。这样可以计算出系统故障状态的概率、频率以及各负荷点的电力不足概率、频率、电量不足期望值等指标。

（3）综合同类可靠性指标。将所有系统完好状态的概率相加可得系统完好状态概率的下限，由 1 减去此下限就是系统故障状态概率的上限，所有系统故障状态的概率累加就是系统故障状态概率的下限。综合其他反映系统故障后果严重程度的指标，便可相应地得到系统故障后果严重程度指标。

对大型电力系统进行可靠性评估时，为了判断扰动后是否发生异常情况，需要进行偶发事件开断模拟的数量非常巨大，实际中分析的状态只是整个状态的子集。因为不是每个状态都会对系统的可靠性造成影响，所以如果能够识别出危害系统运行的状态，只对这些状态进行事故后的系统行为分析，则可减少计算量。

枚举法的主要优点是适应性强，只要系统中各元件间的功能关系可以计算，系统各状态的概率、频率可以计算，这个方法就能适用。但是当计算量随元件数增加而急剧增加时，枚举法的不足也显现出来，有时只能采用比较快速的近似功能分析，以便分析较多的偶发事件，求得系统故障状态概率的近似解。

2. 蒙特卡洛法

蒙特卡洛法由美国数学家 S. 乌拉姆（Stanislaw Ulam）提出，其基本思想是，首先建立一个概率模型或随机过程，使其参数为问题所要求的解，然后或者通过对模型或过程的观察，或者通过抽样试验来计算所求参数的统计特征，并求解。解的精度可用估计值的标准误差来表示。利用这种方法分析电力系统可靠性时，在计算机上模拟构成系统的所有随机过程的各次实现，模拟一段较长时间后，就可根据这些实现统计计算出系统的可靠性指标。蒙特卡洛模拟法根据抽样方法的不同又可分为非序贯蒙特卡洛法（状态抽样法）和序贯蒙特卡洛法（状态持续时间抽样法）。

（1）非序贯蒙特卡洛法。假定系统内每个元件只存在故障和正常两个状态，且各元件发生故障概率彼此独立，则系统元件处于两个状态的概率可由一个在 [0，1] 之间的均匀分布来表示。对元件 i 给出一个在 [0，1] 区间均匀分布的随机数 U_i，则元件 i 状态为

$$S_i = \begin{cases} 0, (\text{工作}) & 1 \geq U_i \geq Q_i \\ 1, (\text{故障}) & Q_i > U_i \geq 0 \end{cases} \tag{2-57}$$

式中　S_i——元件 i 的运行状态；

　　　Q_i——元件的强迫停运率。

对于一个包含 N 个元件的系统而言，其状态由所有元件的状态组合而成，也就是说当系统内每一个元件状态为已知时，就可以确定整个系统所处的状态。

首先给出 N 个随机数 U_1，…，U_i，…，U_N，由式（2-50）则能获得每一元件的运行状态，因此系统状态 $x=(S_1,…,S_i,…,S_N)$，重复上述步骤 M 次，就能得到一个包含 M 个系统状态样本的集合 $X=(x_1,x_2,…,x_M)$。

利用非序贯蒙特卡洛法计算系统可靠性指标如下式

$$F = \frac{1}{N}\sum_{i=1}^{N} F(x_i) = \frac{1}{N}\sum_{i=1}^{N} F_i \qquad (2\text{--}58)$$

式中　N——总的抽样次数；

$F(x_i)$——自变量状态 x_i 的可靠性指标测试函数；

F——函数 $F(x_i)$ 的样本均值。

当 $F(x_i)$ 取代表不同指标的函数时，就能算得相应的可靠性指标。

（2）序贯蒙特卡洛法。序贯蒙特卡洛法基于抽样得到系统元件状态持续时间的概率分布，其指标计算公式见式（2–58）。当模拟时间足够长时，可靠性指标 G 也将收敛于一个稳定的期望值 F。

$$G = \frac{1}{T}\int_0^T f(x_t)\,\mathrm{d}t \qquad (2\text{--}59)$$

式中　x_t——t 时刻系统状态；

$f(x_t)$——自变量 x_t 的可靠性指标测试函数；

T——模拟过程总时间；

G——相应可靠性指标期望值的近似估计。

状态持续时间抽样是按照时序，在一个时间跨度上对系统的运行过程进行模拟，由于系统运行时往往是在某一状态停留一段时间后因随机事件的发生转换到另一状态，并不是连续变化的，因此系统真实的运行过程是离散化不连续的。在模拟总时间为 n 年的过程中系统第 i 年状态序列为 $\{x_{i1},\ x_{i2},\ \cdots,\ x_{iN}\}$，则式（2–59）可进一步离散化为

$$G = \frac{1}{n\times 8760}\sum_{i=1}^{n}\int_{(i-1)\times 8760}^{i\times 8760} f(x_t)\,\mathrm{d}t$$

$$= \frac{1}{n}\sum_{i=1}^{n}\frac{1}{8760}\sum_{j=1}^{iN} f(x_{ij})D(x_{ij}) = \frac{1}{n}\sum_{i=1}^{n} F_i \qquad (2\text{--}60)$$

式中　x_{ij}——第 i 年 j 时刻系统状态；

$f(x_{ij})$——相应的可靠性指标测试函数；

$D(x_{ij})$——第 i 年系统处于状态 x_j 的持续时间；

F_i——第 i 年的可靠性指标。

由式（2–60）可知，序贯蒙特卡洛法通过对 n 年内系统各状态的持续时间进行抽样，然后对大量重复试验样本进行统计计算得到每年的可靠性指标 F_i（$i=1,\ \cdots,\ n$），取其 n 年的平均值为最终的可靠性指标。

非序贯蒙特卡洛法简单且所需原始数据较少，缺点是不能用于计算与时间有关的指标，序贯蒙特卡洛法不但能够容易计算与时间有关的可靠性指标，还能够考虑系统状态持续时间分布情况以及计算可靠性指标的统计概率分布，其缺点是计算所用时间过长。

由于蒙特卡洛法在电网可靠性评估中的广泛应用，针对该方法的改进也比较多。一些学者考虑在模拟中引入随机过程中的马尔科夫概念，通过重复抽样，动态建立一个平稳分布和系统概率分布相同的马尔科夫链，从而得到系统的状态样本。该方法收敛较快，节省计算时间，并且考虑了状态间的相互影响，更符合系统的真实运行情况。

2.2.3.3 停电损失计算

停电损失是指由于电力供应不足（包括限电、频率降低、电压降低）或电力系统发生故障导致供电中断，对用户造成的经济和社会损失。一旦发生停电事故，不仅危及社会的公共安全、人民的人身安全，而且在经济上造成重大的损失或影响。一般来说，停电对用户的影响主要与用户的类型（如工业、商业或住宅）、用电性质（如加热、照明、电动机驱动或计算机）、用户的生产过程以及停电的特点（如停电时间长短、停电预先通知的早晚、停电发生频次和发生的时间以及停电范围）等有关。

1. 费用损失函数模型

在估算停电损失的众多方法中，用户调查法被认为是估算用户直接停电损失的最好方法。当然，分析研究整个系统及负荷点的停电损失时，仅有调查的原始数据是不够的，应当通过适当的方法，将原始数据构造成有用的费用损失函数模型。

（1）费用损失与停电持续时间的函数关系。通过适当的转换，调查所得的原始数据可以转化成针对不同的特定的停电持续时间的结果，即将费用损失数据构造成停电持续时间的函数。当然，调查是对不同的用户分别进行的，所以应当先分别处理各类用户的原始数据，然后综合各类用户的结果，构造综合用户费用损失函数模型。主要步骤如下：

1）对所要研究的供电区内的各个用户进行分类调查，获取不同停电持续时间下，各类别各个用户的停电损失情况，估算各类用户停电损失的数学模型，即可求得单个用户的停电损失原始数据（Individual Customer Interruption Costs, ICIC）。

对于重要性级别不同的负荷，特别是对于某些重要的工业大用户，单是调查的结果可能无法真实全面地反映某次停电造成的经济损失的严重程度，对于这一问题将在后面的步骤中加以解决。

2）求上一步所得的单个用户的 *ICIC* 值与其年耗电量或年峰荷值的比值，将调查采集到的数据归一化。

要构造用户停电损失函数就是要将采集到的各个用户的原始数据按用户属性的不同归类分别处理。如果只是将同类用户中各个用户的调查值简单地取平均，是不能表述该类用户的停电损失的，即使属于同一类，各用户的用电特性也有差异。为了使各用户在停电时所承受的费用损失具有相似的特性，而又能反映各用户用电水平的不同，因此在求平均值之前，需要将调查采集到的数据归一化。归一化的结果可以通过式（2-61）和式（2-62）求得

$$C_{E,x}(r_i) = \frac{ICIC_x(r_i)}{E_x} \quad (2-61)$$

$$C_{L,x}(r_i) = \frac{ICIC_x(r_i)}{L_x} \quad (2-62)$$

式中　　　　　E_x——用户 x 的年耗电量；

L_x——用户 x 的年峰荷值；

r_i——停电持续时间；

$ICIC_x(r_i)$——某个用户 x 在停电持续时间为 r_j 的停电事故下的经济损失值；

$C_{Ex}(r_i)$、$C_{Lx}(r_i)$——原始数据归一化以后的结果。

3）对上一步求得的归一化的数据，按不同的用户类别分别取平均值，并以此建立各类用户停电损失函数（Sector Customer Damage Function，SCDF），以表征各类用户停电损失与停电时间的关系。

为了使结果能客观地反映实际情况，对不同类型用户数据的处理应当不同。所以在取平均值之前，应先要考虑以下的情况：

a. 计及不同用户的重要性。根据用户对供电可靠度的不同要求，目前我国将用电负荷分为三个级别，用户的重要程度也不尽相同。对于某些重要工业的重要生产车间，一次停电，即使是发生概率很小，只要它发生了，也将会造成巨大的损失甚至涉及人身伤亡。为了解决这个问题，使结果更加准确，一种方法是通过设计合理的调查表来获得较真实的数据，以能客观地反映在停电时用户遭受到的经济损失的严重程度。另一种方法是在所得的归一化结果的基础之

上再乘以一个负荷级别系数 $f_{j,x}$，以使数据趋近真实。由于目前没有关于此类系数制定办法的参考，其科学性还有待进一步研究。

b. 用电户数众多的某类"用户"。在电网中数目最为庞大的一类用户就是住宅类用户，由于用户数目多，故其调查的反馈信息量相对来说也是很大的，对于这种情况，应根据其某种特性将住宅类用户分为若干子类，此时称"子类"的上一级为"大类"，即住宅类为一个大类。再按照归一化数据分别对各子类取平均，然后将这些平均值按照各个子类的年耗电量或年峰荷在大类中的比例加权求和，即可以得到该大类的 SCDF。对于其他的大类，如工业类、商业类，如果在实际调查中收回的信息反馈单数目多，并且也能按照该大类的某种特性将其分为若干子类，则对这一大类数据的处理方法与对住宅类数据的处理方法相似。

c. 用电户数不多的用户。用电户数不多的用户，对其调查的信息反馈单的数目较少，而且也不能再将这类用户细分为若干子类，对于这种情况，要想获得该类用户的 SCDF，直接对该类用户的归一化数据取平均值即可。

4）根据建立的 SCDF 及各类用户年耗电量或年峰负荷，求出所研究的供电区内以母线节点为单位的综合用户停电损失函数（Composite Customer Damage Function，CCDF），以说明综合用户停电损失和停电持续时间的关系。

由 SCDF 的特点可知，综合用户停电损失函数 CCDF 也是指一系列关于停电持续时间的损失费用值 $C(r_i)$，可以由式（2-63）和式（2-64）求得

$$C_{E,m}(r_i) = \sum_{y=1}^{N} C_{E,y}(r_i) \frac{E_y}{\sum_{y=1}^{N} E_y} \qquad (2\text{-}63)$$

$$C_{L,m}(r_i) = \sum_{y=1}^{N} C_{L,y}(r_i) \frac{L_y}{\sum_{y=1}^{N} L_y} \qquad (2\text{-}64)$$

式中　$C_{E,y}(r_i)$，$C_{L,y}(r_i)$——第 y 类用户停电 r_i 时的损失；

$\quad\quad\quad E_y$，L_y——分别为第 y 类用户的年耗电量或年峰荷值；

$\quad\quad\quad m$——母线点编号；

$\quad\quad\quad N$——母线点 m 上的用户分类数（这里所指的"类"表示前面曾提到过的"大类"和用电户数少且不能再细分的某类，例如住宅类、工业类、商业类等）。

（2）费用损失与缺电量的函数关系。停电时，用户没有得到应得的电量，所以也可以将费用损失构造成缺电量的函数，而不管造成费用损失的停电时间和停电频率是多少，它有几种函数形式，其中以停电损失评价率（Interrupted Energy Assessment Rate，IEAR）为最佳。

IEAR 的定义为由于电网供电中断造成用户因得不到单位电量而引起的经济损失，也可称为"度电损失"。

IEAR 指标的制定可以是针对输电网中的各个负荷点、某个母线点或母线点下一级的各个供电点而言，也可以是针对输电网中某一供电区系统而言。按照的 IEAR 定义，可得

$$IEAR = \frac{ECOST}{EENS} \tag{2-65}$$

式中　ECOST——研究期间内所有停电事件下的损失费用期望值，元；

　　　EENS——研究期间内所有停电事件下的电量不足期望值，kWh；

　　　IEAR——停电损失评价率，元 /kWh。

虽然从定义上看在估算 IEAR 的过程中已经求得了停电损失期望值 ECOST，但是有些构造方法实际上并没有真正地求出 ECOST，如下面将要提到的近似法，因此建立 IEAR 指标是有意义的。另外，从（1）可以看出，通过用户调查法来确定研究区域的停电损失，其过程是很复杂的，如果对于某两个用电特性相似的地区（地区 1 和地区 2），在已知地区 1 的停电损失评价率（$IEAR_1$）的前提下，要估算地区 2 的停电损失值，同样也可以参考已知的 $IEAR_1$ 将处理过的 $IEAR_1$ 值乘以地区 2 的电量不足期望值 $EENS_2$，即能获得地区 2 的停电损失。这样可以使得估算方法能够通用于用电特性相似的地区。

构造停电损失评价率可以采用故障列举法，简述如下。

a. 对于某负荷点 p，估算使该点发生停电的各种故障事件的发生频率 λ_i，持续时间 r_i 及年无效度 U_i，其中 i 表示的是第 i 种故障。

b. 对于负荷点来说，它所连接的用户类型相同。对故障 i，其停电持续时间为 r_i，构造与该负荷点 p 用户类型相对应的用户停电损失函数求出时间为 r_i 的单位损失费用值 $C_{L,p}(r_i)$。

c. 对于某个负荷点，如果对该点中断供电，则该点的缺负荷量就是连接在该点的所有负荷之和，于是在故障 i 下，负荷点 p 的 ECOST 和 EENS 可表示为

$$ECOST_{L,p} = C_{L,p}(r_i)L_{i,p}\lambda_i = C_{L,p}(r_i)L_{av,p}\lambda_i \tag{2-66}$$

$$EENS_{L,p}=L_{i,p}U_i=L_{av,p}U_i \qquad (2\text{-}67)$$

式中　$L_{av,p}$——连接在点 p 的平均负荷值，kW。

d. 考虑所有故障事件的作用，按照定义 $IEAR$ 定义，评价负荷点 p 停电损失程度的 $IEAR$ 值为

$$IEAR_p = \frac{\sum\limits_{i=1}^{N} ECOST_{L,p}}{\sum\limits_{i=1}^{N} EENS_{L,p}} = \frac{\sum\limits_{i=1}^{N} C_{L,p}(r_i) L_{i,p} \lambda_i}{\sum\limits_{i=1}^{N} L_{av,p} U_i} \qquad (2\text{-}68)$$

式中　N——使负荷点 p 发生停电的故障次数。

利用以上四步可以求得输电网的任意电压等级中，所有负荷点的 $IEAR$ 值。欲求为某一用户区域提供电源的母线点的 $IEAR$ 值，只需要将该母线点下所有负荷点的 $IEAR$ 值按照各负荷点在该区域内的用电比例加权即可。

除采用故障列举法计算停电损失评价率外，还可以采用产电比法和平均电价折算倍数法。前者利用产电比这一指标，即国内生产总值与总用电量之比来表征单位电能在不同地区不同行业创造的经济价值；后者把因供电可靠性低造成的停电损失费用，用当时的平均电价乘以折算倍数来估计。有文献中提及 $IEAR$ 可以取为现行平均电价的 20~50 倍。

（3）综合函数。综合函数（Combined Cost Model，CCM）的基本思想是将停电损失是缺单位电力的函数和停电损失是缺单位电量的函数综合起来考虑，即

$$CCM=CD \times 缺电力 +IEAR \times 缺电量 \qquad (2\text{-}69)$$

式中　CD——缺单位电力的停电损失；

　　　$IEAR$——停电损失评价率，即缺单位电量的停电损失。

综合函数之所以将这两个函数分开来考虑是因为对于用户而言，停电时间很短时，停电损失是由损失的电力决定的。CD 是与停电持续时间有关的，是由（2）中 $C_{L,p}(r_i)$ 在停电持续时间 r_i 小于 1h 或某个值时候的解；而 $IEAR$ 与前面所述相同，它与停电时间无关，但是用在综合函数里时，与它相乘的缺电量应该是由停电时间大于 1h 或某个值的故障造成的。

2. 估算停电损失

以上是三种费用损失模型，相对应的有三种估算停电损失的方法。每一种方法都是一种费用模型和与其相对应的可靠性指标的有机的结合。可以根据现有的

负荷点或系统的可靠性指标资料，灵活地选择费用模型，以降低计算的复杂性。

（1）停电时间函数估算法。由前面的阐述，构造了各类用户停电损失函数 $SCDF$ 和研究的供电区内以母线节点为单位的综合用户停电损失函数 $CCDF$，它们均指的是一系列关于停电持续时间的损失费用值。

对于负荷点，它连接的都是同一类负荷，可以采用前面提到的故障列举的形式求研究期间内的停电损失值，公式如下

$$ECOST_p = \sum_{i=1}^{N} C_{L,p}(r_i) L_i \lambda_i \qquad (2\text{-}70)$$

式中　　r_i——故障 i 的停电持续时间；

$C_{L,p}(r_i)$——利用负荷点 p 的用户停电损失函数 $SCDF$ 求出的停电时间为 r_i 的单位损失费用值；

λ_i——故障 i 的故障率；

L_i——故障 i 发生后负荷点 p 的削减负荷量；

N——研究期间中（一般为一年）负荷点 p 遭受的故障总次数。

（2）停电损失评价率估算法。由停电损失评价率的公式可知，对于某一研究对象，$ECOST$ 就是需要求解的该研究对象在研究时期内的停电损失值，利用故障列举法构造负荷点的 $IEAR$ 值的时候，分子就是负荷点 p 在 N 次故障下的总的停电损失，这与第一种方法是相同的。如果已经通过某种方法求得了 $IEAR$ 的值，并在对负荷点进行可靠性评估的过程中，计算得到了各个负荷点的电量不足期望值 $EENS$，那么就可以直接利用 $ECOST=IEAR \times EENS$ 求得停电损失。

（3）综合函数求解法。利用综合函数求解，只能采用故障列举法，它是把故障按停电持续时间的长短分成两个部分来计算。停电时间小于某个值 r（比如 1h）的一类故障 i 有 n 次，而停电时间大于 r 的故障 j 有 m 次，则有负荷点的停电损失为（式中各指标表示的意思与前面相同）：

$$ECOST_p = \sum_{i=1}^{n} C_{L,p}(r_i) L_i \lambda_i + \sum_{j=1}^{m} IEAR_p \times EENS_{j,p} \text{（元）} \qquad (2\text{-}71)$$

2.3　输电网规划方法综述

输电网规划问题具有非线性、整数型、运行方式多样性、多阶段的特点。因此，要处理这样一个多阶段、多约束条件、非线性整数规划问题，其过程相

当复杂。工程的需要使广大电力规划工作者研究了各种各样的输电网规划方法，输电网规划求解方法从经验分析法发展到数学优化方法。

输电网规划方法一般可分为传统方法和数学方法两种，数学方法又分为启发式方法和数学优化方法。

2.3.1 传统输电网规划方法

在工程实践中，输电网规划的方法通常是首先由规划人员在负荷分析、平衡计算的基础上，提出技术上可行且在技术性能上没有明显差异的几个初步可行的输电网规划方案，即生成待选方案集；然后对待选方案集中这几个初步可行输电网规划方案按照某种评价标准进行择优选择，即评价决策。这样把输电网规划分为生成待选方案集（也称为"方案形成"）和评价决策（也称为"方案检验"）两个核心步骤，这就是电网的"两步规划法"。

1. 生成待选方案集

生成待选方案集阶段的任务是根据送电容量和送电距离，拟定几个可比的网络方案。目前，实际工程中的方案拟定还是由规划人员来完成，很大程度上依赖于规划人员的经验。

（1）送电距离的确定。一般是在有关的地形图上量得长度，再乘以曲折系数（一般取 1.1~1.15，根据地形复杂情况酌情选用）。也可参考同路径已运行的线路实际长度或取送电线路可行性研究后的设计长度。

（2）送电容量的确定。是应用电力电量平衡方法，将一个待设计的电网分成若干个区域，在每个区域内根据其负荷与装机容量进行电力（或电量）平衡，观察各区内电力盈缺，从而确定各地区之间的送电容量。

待规划电网的送电距离和送电容量确定后，结合送电线路的输电能力、以往类似工程实例以及规划人员的经验，即可拟出若干个待选的规划方案。

2. 评价决策

评价决策阶段的任务是对形成的待选方案进行技术校验和经济比较，其中包括电力系统潮流、调相调压计算、系统稳定、短路电流、工频过电压、潜供电流计算及技术经济比较等。

传统的电力系统规划设计以保证系统的安全、稳定运行为主要目标，突出规划设计方案的技术性校核。在对电网进行规划方案比较时，重点是针对方案进行技术比较和安全稳定校核，主要采用确定性的 $N-1$ 计算，以技术约束校核的方式实现。

在经济性比较方面，20 世纪 80 年代之前，我国电力建设资金短缺，电力项目在进行经济评价时主要比较静态投资，不注重资金的时间价值，以静态投资最小为主要目标。

20 世纪 80 年代后期，原国家计委颁布了《关于建设项目经济评价工作的暂行规定》和《建设项目经济评价办法》（计标〔1987〕1359 号），其中指出建设项目评价比较在必要时应考虑外部效益和外部费用；原能源部电力规划设计院制定了《电力建设工程项目经济评价办法实施细则》[（89）电规经字第002 号]，其中明确提出了在电力项目经济评价中应当综合考虑财务评价和国民经济评价两种方法的应用，在比较时应注重资金的时间价值和项目的财务回收周期分析，但由于当时电网项目建设通常仅作为电源项目的配套工程，因此并未针对电网项目进行明确区分。

1998 年，原电力工业部出台了《电网建设项目经济评价暂行办法》（电计〔1998〕134 号），针对电网项目经济评价办法进行了单独规定，在经济评价中明确引入电网运行费用等指标，将费用比较作为电网项目经济性比较的重要手段，并提出有必要时应针对电网建设项目进行国民经济评价，比较项目建设后产生的社会效益，该评价办法一直延续至今。目前最常用的输电网规划设计经济比较方法为年费用比较方法，见式（2-72）。

$$\min AV\left(C_i + \sum_{t=1}^{T} O_{i,t}\right) \tag{2-72}$$

式中　　AV——求取年费用；

　　　　T——计算期；

　　　　C_i——方案 i 的初始投资；

　　　　$O_{i,t}$——方案 i 第 t 年的运行费用。

其中计算期通常选为 15~25 年，方案 i 的初始投资与所选规划方案及设备选型相关。而方案 i 第 t 年的运行费用主要受到所选规划方案、设备等因素影响且由初始投资 C_i、年损耗费用 $L_{i,t}$、运行费率 $\alpha_{i,t}$ 和年其他费用 $H_{i,t}$ 组成，其可表示为 $O_{i,t}=\alpha_{i,t}C_i+L_{i,t}+H_{i,t}$。

图 2-1 中给出了输电网规划设计方案比选的主要流程。

电网两步规划法简单且易于实施，在输电网规划实践中发挥了积极作用。但是其初步可行输电网规划方案的生成主要靠规划人员的经验，主观随意性大，可能有大量更优的输电规划方案没能被考虑到；评价决策往往也局限于单一指标评价（如最小成本或最小费用），不能对输电网规划方案进行全面综合地评

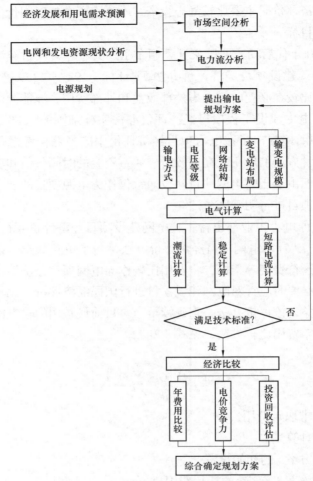

图 2-1   当前输电网规划设计中方案比选的流程图

价决策。因此，需要对电网两步规划法进行深入地研究，建立合适的输电网规划两步规划法的待选方案集生成模型和评价决策方法。

2.3.2   启发式输电网规划方法

启发式输电网规划方法以直观分析为依据，通常基于系统某一性能指标对可行路径上一些线路参数的灵敏度，根据一定的原则，逐步迭代直到满足要求为止。启发式方法接近工程人员思路，可以根据经验和计算分析给出比较好的设计方案，但不是严格的优化方法。

常用的启发式方法可分为基于线路性能指标（如线路过负荷）的启发式方

法及基于系统性能指标（如系统年缺电量）的启发式方法。启发式方法的计算过程可归纳为过负荷校验、灵敏度分析和方案形成和检验三个部分。

1. 过负荷校验

在输电网规划方案形成阶段，最关键的问题是输送容量是否足够，即线路是否出现过负荷的情况，因此要进行过负荷校验，根据网络规划的正常运行要求和安全运行要求，不仅要保证系统在正常情况下各支路不发生潮流越限，还要保证在任意一条支路故障开断的情况下各支路不发生潮流越限，这就是所谓的 $N–1$ 原则。为检验支路是否过负荷，网络中的潮流分布和断线计算就成为重要的分析依据。过负荷检验可使用交流潮流法、直流潮流法和网络方程法。

由于交流潮流方程计算量过大，因此目前许多网络规划都采用直流潮流方程进行过负荷校验。直流潮流方程具有计算速度快和便于进行断线分析的特点，并且能够获得较高的计算精度，比较适合于规划研究。

2. 灵敏度分析

当系统中存在过负荷支路时，需要通过灵敏度分析选择最有效的输电系统拓展方式，以消除系统存在的过负荷。所谓线路"有效"是指该线路单位投资所起的作用最大。灵敏度分析有逐步扩展法及逐步推倒法两种。

（1）逐步扩展法（也称加线法）：当电力网络中 K 线路过负荷时，从备选线路中选一条线路或一组线路加入电力网络，进行潮流计算，选出对降低 K 线路输送容量最有效且经济的线路加入电力网络。此方法适用于电力网络较强的情况。

（2）逐步推倒法（也称减线法）：当现有电力网络较为薄弱，有许多孤立节点时，可根据设计水平年的原始数据虚拟一个电力网络，该电力网络包括了现有的电力网络以及所有的备选线路，构成一个连通的有大量冗余线路但不经济的电力网络。然后通过潮流计算比较各备用线路的有效性，剔除效果不明显的线路，直到电力网没有多余线路为止。

3. 方案形成和检验

根据灵敏度分析，对备选线路按照有效性进行排序后，就可以按一定方式确定具体的网络拓展方案。比较简单的方式是将最有效的一条或一组线路加入系统，逐步扩展网络。也可采用将有效线路的组合加入系统进行试探，最后根据对系统运行情况的实际改善效果，确定最佳接线方案。在形成方案时，设计人员可以通过人机联系参与决策过程。通过以上方法形成的电力网方案，也必须进行检验，通常采用比较快速简捷的检验方法，如用直流法计算潮流，用随机静态稳定模型进行安全稳定分析等。

2.3.3 输电网规划的数学优化方法

输电网规划的数学优化方法，是将输电网规划的约束条件和目标函数归纳为运筹学中的数学规划模型，在联合计算中，通过一定的优化算法求解，获得满足约束条件的最优规划方案。

输电网规划数学优化模型主要包含变量、目标函数和约束条件三个要素。其中变量有决策变量和状态变量两类，决策变量表示待选的线路是否被选中加入现有的电网网络，因而是整数型变量，它确定了规划网络的拓扑结构，状态变量表示系统的运行状态，如线路潮流、节点电压等，状态变量一般是实数型变量；目标函数是决策变量、状态变量的函数，表征了规划要达到的目标；约束条件包括决策变量的建设条件约束、各状态变量的上下界以及各变量应满足的制约关系等。

2.3.3.1 输电网数学规划模型

1. 目标函数形式

输电网优化规划模型的目标函数可以从多种角度考虑，根据优化的侧重点不同而存在差别，一般目标函数可以是以下几类：

（1）输电网建设成本最经济；

（2）剩余输电容量满足要求；

（3）输电阻塞成本最小；

（4）切负荷损失最小；

（5）电力传输效率、新增线路占地的最小化、输电网公司利益最大化；

（6）社会利益的最大化等。

2. 约束条件

约束条件包括输电网运行、可靠性、市场、投资和环境等几种约束。输电网运行约束可考虑断面潮流约束、变压器分接头调节、节点电压、发电机出力上下限约束、支路容量限制、可架线路最大回数限制和无功补偿容量等限制；可靠性约束有 $N-1$ 准则、$N-2$ 准则、负荷平衡、系统可靠性指标等；市场约束包括各节点最大切负荷量限制、点对点合同约束、可接受的电力损失和满足市场需求的限制等；投资约束包含资金限制；环境约束包括环保限制要求。为了简化计算，许多研究从不同角度简化了规划模型，重点从某一侧面研究输电网规划，得到想要的优化方案。

3. 模型分类

依据目标函数和约束条件的不同,输电网数学规划模型可以分为以下几类:

(1)经济性模型。经济性输电网规划模型以网络投资费用、运行费用、设备折旧维修费用和电能损耗费用等经济性指标之和为目标函数,以可靠性指标作为约束条件加入优化问题。其中经典模型"水平年电网规划数学模型"是以预测的某一规划水平年的负荷水平为已知条件,以待选线路为决策变量,考虑以新建线路投资年费用和系统年运行费用之和最小为目标函数。该类模型能获得一定经济性价值的输电网规划方案,但对可靠性成本和可靠性效益的关系考虑不足。

(2)可靠性模型。可靠性输电网规划模型主要分析缺电成本的实际规划问题,目标函数通常选取可靠性成本和可靠性效益的函数。可靠性成本主要指电网停电导致的停电损失或者称为缺点成本;可靠性效益指电网可靠性提升后,停电损失的减少量。但是可靠性模型中的缺电成本计算比较困难,通常可把缺电成本分为静态缺电成本和动态缺电成本计算,也可利用缺电损失评价率和切负荷量进行计算。缺电成本与供电可靠性密切相关,有效的可靠性投资可降低缺电成本,所以该类模型能在可靠性成本和可靠性效益取得平衡处达到最优。

(3)多目标规划模型。多目标规划模型是在单目标模型基础上同时考虑多个,甚至有可能相互冲突目标的规划模型,需要同时进行多个目标函数的优化。该模型常以投资成本、运行成本最小和需求侧缺电成本最小为目标函数,将输电网规划的经济性和可靠性因素放在同一地位考虑,具有动态规划的特点,适用于目前输电网规划的实际需要。但多目标规划模型仍存在处理规划方案各目标之间的关系不太理想;大规模、多阶段输电网规划很大程度上仍存在容易产生维数灾难、目标函数、约束条件和局部最优不易处理等问题。

(4)考虑阻塞管理的规划模型。阻塞管理通过调整发电机出力、网络参数和负荷使系统潮流满足线路的容量约束。该类模型的目标函数加入了阻塞管理费用,可以减少阻塞的可能性,保证网络潮流的合理分布,增加网络在负荷变化时的灵活性和提高规划方案的经济性。此类模型可以计及市场环境下电源、负荷增长、市场交易及输电定价等信息和因素,对处理复杂输电网运行状况更为有效。

(5)计及需求弹性的规划模型。计及需求弹性的规划模型充分考虑负荷特性,以及用户对电价的反应,即需求弹性。面对电价波动,用户会根据最大效益原则,适时调整负荷计划,从而引起负荷重新分布,不同种类的用户对电价的敏感程度也不同，从长远看，调整负荷计划会影响输电网的运行和收益，输电网规划必须计入这种影响因素。因此基于价格—需求函数，在运行模拟中引入需求弹性的概念，并据此计算各候选支路的缺电损失指标，可以使输电网规划结果更接近电力市场环境下的规划结果。

（6）不确定性模型。电网规划过程中，会遇到各种各样的不确定性因素。根据处理不确定因素的方法不同，不确定性模型又可分为多场景规划模型和基于不确定性信息的准确数学模型两类。多场景规划模型是通过将难以用数学模型表示的不确定性信息转变为易求解的多个确定性场景问题来处理，避免建立复杂的输电网规划模型，因此降低了建模和求解难度。该模型简单、直观且易于实现，但难点在于不确定因素过多时，如何对其进行合理分类、组合从而构成各种场景；基于不确定性信息的准确数学模型是通过对不确定性信息处理，建立其准确数学模型，进而求出最优规划结果。具有较强的数学理论基础是该方法广泛应用的原因，主要包括随机优化模型、模糊优化模型、灰色规划模型、盲数规划模型等几类模型。

2.3.3.2 输电网规划的优化求解算法

输电网规划的优化求解算法概括起来可分为人工智能算法和数学优化方法两大类。由于输电网规划是一个大规模、多目标、非线性、非凸的混合整数规划问题，而且线路规划中往往还有许多因素，如已有线路的解环改造，难以用数学表达式描述，因此依靠常规数学寻优算法一般难以获得实用性较好的输电网优化网架。各种基于人工智能技术的新型优化算法目前已成为网架优化问题的主流寻优算法。然而对各种人工智能算法来说，如何确定正确的搜索方向、获得全局最优解、提高搜索效率是算法设计中尚待研究完善的关键问题。近年在相关领域的主要研究成果包括遗传算法（Genetic Algorithm，GA）、蚁群算法（Ant Colony Optimization，ACO）、粒子群算法（Particle Swarm Optimization，PSO）、模拟退火算法（Simulated Annealing Algorithm，SAA）等。

1. 遗传算法

遗传算法是一类借鉴生物界的进化规律（适者生存，优胜劣汰遗传机制）演化而来的随机化搜索方法。它是由美国的 J.Holland 教授 1975 年首先提出，其主要特点是直接对结构对象进行操作，不存在求导和函数连续性的限定；具有内在的隐并行性和更好的全局寻优能力；采用概率化的寻优方法，能自动获取和指导优化的搜索空间，自适应地调整搜索方向，不需要确定的规则。遗传算法的这些性质，已被人们广泛地应用于组合优化、机器学习、信号处理、自适应控制和人工生命等领域，是现代有关智能计算中的关键技术。

2. 蚁群算法

蚁群算法是一种求解组合最优问题的新型的内启发式方法，本质上是一个多代理算法，通过单个代理之间的低级交互形成整个蚁群的复杂行为。这种方法的主要特征是正反馈、分布式计算以及贪婪启发式搜索的运用。正反馈有助于快速发现较好的解；分布式计算避免了在迭代过程中早熟现象的出现；而贪婪启发式搜索的运用使搜索过程中较早发现可接受解成为可能。

3. 粒子群算法

粒子群算法是一种进化计算技术，1995 年由 Eberhart 博士和 kennedy 博士提出，源于对鸟群捕食的行为研究。该算法最初是受到飞鸟集群活动的规律性启发，进而利用群体智能建立的一个简化模型。粒子群算法利用群体中的个体对信息的共享使整个群体的运动在问题求解空间中产生从无序到有序的演化过程，从而获得最优解。

同遗传算法类似，粒子群算法是一种基于迭代的优化算法。系统初始化为一组随机解，通过迭代搜寻最优值。但是它没有遗传算法用的交叉以及变异，而是粒子在解空间追随最优的粒子进行搜索。同遗传算法比较，粒子群算法的优势在于简单，容易实现并且没有许多参数需要调整，目前已广泛应用于函数优化，神经网络训练，模糊系统控制以及其他遗传算法的应用领域。

4. 模拟退火算法

模拟退火算法是基于 Monte-Carlo 迭代求解策略的一种随机寻优算法，其出发点是基于物理中固体物质的退火过程与一般组合优化问题之间的相似性。模拟退火算法从某一较高初温出发，伴随温度参数的不断下降，结合概率突跳特性在解空间中随机寻找目标函数的全局最优解，即在局部最优解能概率性地跳出并最终趋于全局最优。模拟退火算法是一种通用的优化算法，理论上算法具有概率的全局优化性能，目前已在工程中得到了广泛应用。

目前，输电网规划的数学优化问题虽然受到广泛关注，用于求解的各种优化方法也得到了很大发展，但是因其本身的复杂性，迄今难有公认最优的求解模型和方法。所以要达到输电网规划的实用化，仍有很多问题有待于进一步研究。

2.3.4　输电网规划方法评述

传统的电网规划方法优点是简单和易于实施，在电网规划实践中发挥了积极作用，也是现在电网规划的主流方法。但是传统的电网规划方法以方案比较为基础，由于备选方案是根据规划人员的经验制定的，方案好坏在一定程度上受到规划人员经验知识和主观性影响，因此很难保证所得方案的最优性。为了克服这一缺点，进行方案选择和比较时，可以采用优化规划方法作为辅助。

启发式方法直接、灵活、计算时间短，便于人工参与给出符合工程实际的较优解，这是其优点。这种方法总的特点是逐步扩展网络，但不考虑扩建线路决策的相互影响，因而不能保证给出数学上的最优解，这是它的主要缺点。启发式方法虽然无法严格保证解的最优性，但计算和应用都很方便，而且便于同规划人员的经验相结合，能够较为准确地模拟电力行为，成为电网扩展规划中广泛使用的方法。目前电网规划的发展现状是启发式规划方法还不能代替设计人员用传统方法进行电力网方案设计，但可给规划人员以启发。

电网结构规划的数学优化方法的优点是其考虑了各变量之间的相互影响，因而在理论上较严格。此种方法也存在一些缺点。约束条件复杂，现有的优化理论对于求解大规模的电网问题存在很大困难，建立模型时不得不做大量简化，因而影响了精确度。此外有些规划决策因素难以用数学模型表达，因此数学上的最优解未必是符合工程实际的最优方案。

目前电网规划的发展趋势是将传统规划方法、启发式方法和数学优化方法结合起来，充分发挥各自优势。例如，线性规划启发式方法和结合灵敏度分析的分支定界方法都属于此类。

第3章 基于 LCC 最优的输电网 规划方案初选

在工程实践中，传统的输电网规划可总结为"两步规划法"，包括生成待选方案集（也称为"方案形成"）和评价决策（也称为"方案检验"）两个核心步骤。本章针对输电网"两步规划法"的待选方案集生成问题，重点介绍了基于 LCC 的输电网规划方案初选方法。首先针对输电网规划中全寿命周期成本所包含的内容进行剖析、分类，构建了全寿命周期成本在输电网中设备级与系统级层面的数学表达方式，并以此为基础介绍了基于 LCC 的输电网规划模型及其求解方法。

3.1 输电网建设项目的 LCC 分析

全寿命周期成本（LCC）是指在产品寿命周期或其预期的有效寿命期内，产品设计、研究和研制、投资、使用、维修及产品保障中发生的或可能发生的一切直接的、间接的、派生的或非派生的所有费用的总和。对电网规划来说，它不仅仅要考虑电网建设项目的一次性初始投入成本，而更要考虑在整个全寿命周期内的支持成本，包括运行、维修、改造、更新直至报废的全过程，其核心内容是对电网建设项目的 LCC 进行合理分解和分析计算，根据量化值进行决策。

对一个电网规划方案的全寿命周期成本进行计算时，最关键的首先是要明确它所包括的费用项目，也就是要列出其构成体系，即费用分解结构（Cost Breakdown Structure，CBS）。不同类型的设备，其分解结构也会不同，但在计算全寿命周期费用时不应漏掉重要的费用项目，也不允许重复计算费用项目。通过成本分解，就可以理清成本因子之间存在的一些相互关系，可以区分出设备级与系统级成本的不同，便于决策人员在最终的结果中分析不同成本因子的影响，从而进行合理权衡，也为未来降低 LCC 成本提供可行的路径。

根据研究需要，首先要对输电网规划方案进行合理可行的费用结构分解，建立完整、全面的 LCC 模型。电力系统规模庞大，并且所有的设备都不是孤立运行的，因此，仅仅逐一分析设备的 LCC 模型，并将其简单的相加，显然是不够准确的，容易忽略掉设备互联对全网的影响。针对一个确定的输电网规划方案，首先考虑将 LCC 总成本模型分为设备级和系统级两部分

$$LCC_{all}=LCC_{equ}+LCC_{sys} \qquad (3-1)$$

设备级成本指可以简单而明确地分摊到具体设备的成本项。在设备级 LCC 模型中，可以分别考虑各个输变电设备的全寿命周期成本，主要包括发电机、变压器和输电线路等，并对其成本组成进行细化。系统级成本指实际存在又难以分摊到具体设备上的成本项。在系统级 LCC 模型中，从人工成本、土地资源占用、环境影响、规划设计、工程建设、输送电量、多重故障的角度，考虑其成本的组成，此部分从整体上考虑不同规划方案的公共投资、运行、维护成本及网络扩展方案对系统的成本影响，这是全网 LCC 模型不同于以往单个设备 LCC 模型的关键，其关注的问题不再是单个设备的行为，而是设备总体运行对全网产生的影响。

另外，考虑从投资、运行、维护、故障和报废五个环节进一步对输电网建设项目的设备级和系统级两个层次的 LCC 模型进行分解。在计算 LCC 成本时，首先要明确它所包括的费用项目，针对不同的对象，详细列出各个成本的费用分解结构，再进行相加。对设备级、系统级 LCC 模型进一步做分解，考虑采用以下计算模型

$$LCC=CI+CO+CM+CF+CD \qquad (3-2)$$

式中　LCC——全寿命周期成本；

　　　CI——投资成本，即一次或二次设备投入成本（Investment Costs）；

　　　CO——运行成本（Operation Costs）；

　　　CM——检修维护成本（Maintenance Costs）；

　　　CF——故障成本，亦称惩罚成本（Outage or Failure Costs）；

　　　CD——报废成本（Disposal Costs）。

将所建立的输电网建设项目 LCC 二维模型用图 3-1 表示。

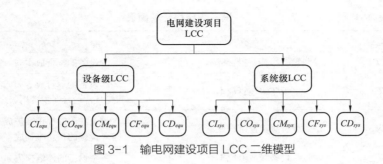

图 3-1　输电网建设项目 LCC 二维模型

电力设备的设计寿命一般比较长，为了取得经济上的正确评价，不能仅仅将各项成本直接相加，应把不同时刻的费用折算为某一基准时刻的费用再进行比较，所以在输电网规划中运用 LCC 分析必须考虑到资金的时间价值。在经济分析中，工程项目资金的时间价值包括现值 F_{pre}（把不同时刻的资金换算为当前时刻的等效金额，发生在第一年初）、等年值 F_{ann}（把资金换算为等额支付的金额，通常每期为一年，发生在每年的年底）、将来值 F_{fut}（把不同时刻的资金换算为未来某一目标年的等效金额，发生在目标年年末）、当年值 F_{cal}（资金每一年当年的金额）。

本书将所有的成本归算为等年值进行分析比较。折算到现值公式为

$$F_{pre} = \frac{F_{cal}}{(1+\gamma)^i} \tag{3-3}$$

再进一步折算为等年值如下

$$F_{ann} = F_{pre} \times \frac{\gamma(1+\gamma)^T}{(1+\gamma)^T - 1} \tag{3-4}$$

式中　F_{cal}——计算得到的当年值；

　　　γ——社会折现率，是一个综合考虑到银行利率、涨价因素、筹资风险的组合成本投资率；

　　　T——设备使用寿命，年；

　　　i——相应设备研究期内的年数，年。

3.1.1　设备级 LCC 分析

设备级成本指那些可以简单而明确地分摊到具体设备的成本项，如设备的购置、运行、维修等费用。设备级费用分解简表如表 3-1 所示。

表 3-1   设备级费用分解简表

类别	名称	系统级
CI_{equ}	设备级初始投资成本	设备的投资成本 m_1
CO_{equ}	设备级运行成本	设备的运行成本 m_2 日常运行巡视费用 m_3
CM_{equ}	设备级检修维护成本	单个设备故障的校正维护成本 m_4 单个设备的预防维护成本 m_5
CF_{equ}	设备级故障成本	单个设备的停电损失 m_6
CD_{equ}	设备级报废成本	单个设备的处置管理费用 m_7 报废资产的残值回收收入 m_8 提前报废成本 m_9

1. 初始投资成本

初始投资成本 CI_{equ} 指输电网项目在建设、改造和调试期间内，在项目正式投入运行前所要支付的一次性成本，主要包括购置费、安装调试费和其他费用。购置费包含设备购置费、专用工具及初次备品备件费、供货商运输费等；安装调试费用包含业主方运输费、设备建设安装费和设备投运前的调试费；其他费用包含验收费用、特殊试验费和可能要购置的状态监测装置费用等。

考虑到资金的时间价值，有

$$CI_{equ}=m_1=CI_{line.equ}+CI_{station.equ} \tag{3-5}$$

$$CI_{line.equ}=\sum_{i=1}^{N}\frac{nl_i \times CI_{line}}{(1+\gamma)^i} \times \frac{\gamma(1+\gamma)^T}{(1+\gamma)^T-1} \tag{3-6}$$

$$CI_{station.equ}=(L+M+F) \times \frac{\gamma(1+\gamma)^T}{(1+\gamma)^T-1} \tag{3-7}$$

式中　　$CI_{line,equ}$——线路的投资成本；

$CI_{station,equ}$——变压器的投资成本；

nl_i——新增投运的输电线路长度；

CI_{line}——新增单位长度输电线路的投资成本；

γ——社会折现率；

i——该设备当前运行年数；

　　N——方案的规划期;

　　L——变压器及变电站其他设备的购置费;

　　M——变压器及变电站其他设备的安装工程费;

　　F——变压器及变电站其他设备的建筑工程费。

2. 运行成本

　　运行成本指项目运行期间所产生的一切费用的总和,主要包括设备能耗费、日常运行维护费用等

$$CO_{equ}=m_2+m_3 \qquad (3-8)$$

式中　CO_{equ}——运行成本;

　　　m_2——设备能耗费;

　　　m_3——日常运行维护费用。

　　设备能耗费包括设备本体能耗费、辅助设备能耗费用。日常维护检查费包括日常巡视检查需要的巡视设备,材料费用。日常维护工作包括环境巡视、专业检查、地温检测、感应电流测试、特巡、红外检测等。其中 m_2 的计算方法见式(3-9)~式(3-11)

$$m_2=N_1+N_2 \qquad (3-9)$$

$$N_1=\sum_{i=1}^{N}\frac{\Delta P_{max}\tau_{max}\eta N_3}{(1+\gamma)^i}\times\frac{\gamma(1+\gamma)^T}{(1+\gamma)^T-1} \qquad (3-10)$$

$$\Delta P_{max}=\frac{P_{max}^2+Q_{max}^2}{U^2}\times R=\frac{\left(\dfrac{P_{max}}{\cos\varphi}\right)^2}{U^2}\times R \qquad (3-11)$$

式中　N_1——线路的损耗费用;

　　　N_2——变压器的损耗费用;

　　ΔP_{max}——最大负荷时功率损耗;

　　　τ_{max}——最大负荷损耗时间;

　　　η——运行主供率;

　　　N_3——平均购电价;

　　　P_{max}——最大负荷的有功功率;

　　　Q_{max}——最大负荷的无功功率;

U——线路的额定电压；

R——线路电阻；

$\cos\varphi$——功率因数。

3. 检修维护成本

设备级的检修维护成本 CM_{equ} 主要包括单个设备故障的校正维护成本和单个设备的预防维护成本见式（3-12）

$$CM_{equ}=m_4+m_5 \qquad\qquad （3-12）$$

式中　CM_{equ}——设备级的检修维护成本；

　　　　m_4——单个设备故障的校正维护成本；

　　　　m_5——单个设备的预防维护成本。

线路的检修维护主要包括周期性维护和试验费用。周期性维护费用包括周期性维护时需要的人工、材料费用。试验内容包括电缆接地电阻测量、护层遥测、局放试验等三年一次的周期性试验。

变电站检修周期为"8小、15大"。即小修周期定为8年，大修周期定为15年。小修主要工作为设备整体检查、进行预防性试验项目；大修主要工作为主变压器整体大修、其余设备更换寿命到期零部件以及进行全部大修试验项目。

单个设备的校正维护成本和预防维护成本可通过式（3-13）和式（3-14）计算得到

$$m_4=p_1x \qquad\qquad （3-13）$$

$$m_5=p_2y \qquad\qquad （3-14）$$

式中　p_1—— 设备校正维修（发生故障情况下的维修）的频率；

　　　　p_2—— 设备预防维修的频率；

　　　　x—— 每次校正维修成本；

　　　　y—— 每次预防维修成本。

4. 故障成本

设备级故障成本 CF_{equ} 是由于输电网运行过程中单个电力设备出现故障断电而引起的成本，主要指单个设备故障造成的停电损失。

停电损失，又称缺电成本或断供成本，是指电力供应不完全可靠或预期不完全可靠时（即由于电力供应中断或不足而发生断电或限电时）社会所承担的全部经济损失。一般而言，计算输电网规划方案的 LCC 时，电力系统必须满

足 N–1 安全准则，即系统中任一元件发生故障被切除后都不应造成其他线路停运，不应造成用户停电，因此单台设备直接故障造成的失负荷应忽略，设备层故障成本 CF_{equ} 为 0。

5. 报废成本

报废成本 CD_{equ} 指项目基建、技改等资本性投入形成的固定资产在项目报废处置时期进行拆除、处置所引起的各项费用。主要包括报废处置管理费用，报废资产残值回收收入，提前报废成本等，见式（3–15）

$$CD_{equ}=m_7+m_8+m_9 \qquad (3-15)$$

式中　CD_{equ}——设备级的报废成本；

　　　m_7——报废处置管理费用；

　　　m_8——报废资产残值回收收入；

　　　m_9——提前报废成本。

对于不同类型、不同用途的设备，其报废成本是不一样的。有些可以产生一定数量的残值收入，用以冲销有关的费用，故 m_8 通常为负值，如设备的正常报废；而有些不仅不能产生任何残值收入，而且需要花费大量的资金用于其报废和清理，即产生大量报废处置管理费用 m_7；而提前报废成本 = 资产原值 –资产累计折旧，在规划项目中，一般不考虑提前报废，故 $m_9=0$。在报废的过程中，既需要消耗一定的人力、物力、财力，又有可能产生一定的收入，所以报废成本可正可负。

$$m_8=C_0 \times \omega \qquad (3-16)$$

$$CD_{equ}=\frac{m_7-m_8}{(1+\gamma)^n} \times \frac{\gamma(1+\gamma)^T}{(1+\gamma)^T-1} \qquad (3-17)$$

式中　C_0——总投资成本；

　　　ω——残值率。

3.1.2　系统级 LCC 分析

系统级 LCC 是从系统整体的角度出发，考虑设备对整个系统的影响所产生的成本。系统级 LCC 的计算有时候还需要建立在部分设备层 LCC 的计算结果之上，在简要计算时也可按其比例进行取值。系统级费用分解简表如表 3–2所示。

表 3-2 系统级费用分解简表

类别	名称	系统级
CI_{sys}	系统级初始投资成本	系统研究和设计成本 f_1 土地改造和购买费用 f_2 系统运输费等附属管理费用 f_3
CO_{sys}	系统级运行成本	网损 f_4
CM_{sys}	系统级检修维护成本	系统多重故障下的校正维护成本 f_5
CF_{sys}	系统级故障成本	系统全网停电电量损失成本 f_6
CD_{sys}	系统级报废成本	旧设备在退役阶段的处理费 f_7 已经退役的旧设备的残值 f_8 未退役的旧设备残值 f_9
C_{exter}	系统级环境成本	电磁辐射 f_{10} 噪声污染 f_{11} 六氟化硫泄漏 f_{12} 网损引起的环境成本 f_{13}

1. 初始投资成本

系统级的投资成本 CI_{sys} 主要包括三部分

$$CI_{\mathrm{sys}} = (f_1 + f_2 + f_3) \times \frac{\gamma(1+\gamma)^T}{(1+\gamma)^T - 1} \qquad (3-18)$$

式中　f_1——本年度新建工程可行性研究阶段的研究费用，设计费用和工程前期准备费用；

f_2——本年度新建工程地块改造，购买费用和存在的土地机会成本，包括房屋建筑、绿化场地部分；

f_3——与上述投入成本有关的本年度管理费用，如运输费、监理费、公积金等。

不同的方案占地除了导致一次征地成本不同外，占地差异部分还存在机会成本。机会成本指的是为生产一个单位的某种产品而放弃的使用相同的生产要素在其他生产用途中所能得到的最高收入。土地资源在国民经济中属于不可再生的稀缺资源，土地一旦被交易占用后，其交易价格将不再具备价值参考性，而是随着经济发展导致的土地交易价格变化。

目前土地价格的日益上涨，能够在一定程度上反映机会成本的上涨这一客观趋势，土地被占用后的机会成本随着时间的推移而逐渐升高。一般直接以征地成本年均增长情况来表征土地价值，这种方法可以同时计及在不同时期发生的机会成本，实际操作起来比较简洁明确。

输电网规划阶段存在不同的比选方案，方案 A 的占地规模与方案 B 的占地规模差异所引发的占地成本差异可以看作是该方案 A 的土地机会成本。当方案 A 的占地大于方案 B 时，其机会成本为正；反之，方案 A 相对于方案 B 的机会成本为负。

土地机会成本计算如下

$$C = ML[(1+\alpha)^{n+i} - (1+\alpha)^n] \tag{3-19}$$

式中　n——规划征地时间，年；

$\quad\quad M$——2 个方案的征地差异；

$\quad\quad L$——单位征地成本，万元；

$\quad\quad \alpha$——征地成本年增长率；

$\quad\quad i$——年，$0 \leqslant i \leqslant (N-n)$；

$\quad\quad C$——由征地差异导致的土地机会成本。

通常，与系统有关的初始投资成本难以严格地按照上面的成本因子区分开来，或许还有其他上述未提及的成本因子等，比如许多情况下可能只知道新建工程的总体投资。总之，分析和分解初始投资成本的目的，是将与系统有关的一次投资成本全部纳入 CI 中。

2. 运行成本

为简化处理，本书中系统级的运行成本 CO_{sys} 界定为系统网损带来的损失，为每一年的网损量与购电价的乘积

$$CO_{sys} = \sum_{i=1}^{N} \frac{S_i \times C_{purchase}}{(1+\gamma)^i} \times \frac{\gamma(1+\gamma)^T}{(1+\gamma)^T - 1} \tag{3-20}$$

式中　CO_{sys}——系统级运行成本等年值；

$\quad\quad S_i$——每年的网损量；

$\quad\quad C_{purchase}$——电力公司的购电价。

3. 检修维护成本

简化起见，本书中系统级检修维护成本仅包括校正维护成本，而不考虑预防维护成本。系统级检修维护成本为

$$CM_{sys}=f_5=pc \tag{3-21}$$

式中　p ——系统较严重故障下校正维修的频率，次；

　　　c ——每次维修成本。

在实际分析中，为简化计算过程，检修维护成本的计算一般可以取投资成本的 α 倍，即

$$CM_{sys}=\sum_{i=1}^{N}\frac{CI_i \times \alpha}{(1+\gamma)^i} \times \frac{\gamma(1+\gamma)^T}{(1+\gamma)^T-1} \tag{3-22}$$

式中　CO_{sys} ——系统级运行成本等年值，万元。

4. 故障成本

系统级故障成本指系统较严重故障（一般指多重故障）造成停电导致的经济损失。停电损失的计算问题不仅与各国的经济发展状况、国情及电力和电力需求侧管理水平有关，还与法制、法规的健全与实施有关，是一个涉及面较广的复杂问题，目前对停电成本的探讨较少，计算所需的有关基础资料也极为欠缺，计算上较为复杂，但在今后考虑电力市场的输电网规划中却又是一个必须研究解决的问题。

停电损失是供电可靠性在经济上的反映，但又与供电可靠性问题不完全一致，停电损失从全网停电电量损失的角度考虑，其影响因素包括停电量 P_{outage}、停电持续时间 D、停电频率 f 以及用户类型。停电损失的影响因素如图 3-2 所示。

停电频率 f：停电次数越多，停电损失越大，用户活动所受到的干扰就越频繁，电力部门也需要投入更多次的故障排查修复费用和机组启停费用。

停电量 P_{outage}：输电网可靠性水平越高，因故障而造成的停电范围越小，停电量就越小，停电损失也就越小。

停电持续时间 D：一般而言，在停电初始阶段，停电损失包括工厂连续作业中断、设备损坏、出现残次品等，单位停电成本随着停电持续时间的延长而增大。停电持续一段时间后，停电损失主要是添加备用电源所产生的费用以及产品产量减少的利润，因此停电持续时间超过某临界值

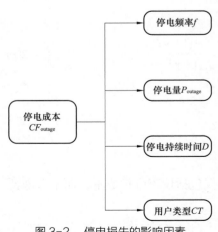

图 3-2　停电损失的影响因素

后，单位停电成本逐渐趋于稳定。

用户类型 CT：不同类型的用户，其用电方式和停电特性不同，对停电所能容忍的程度也不同，故停电对其造成的损失亦不同。

停电损失 CF_{outage} 应是上述 4 种因素的函数

$$CF_{outage}=f（P_{outage}，D，F，CT）\qquad（3-23）$$

第 2 章对停电损失的计算做了详细的论述，本节利用其中的"停电损失评价率估算法"来计算停电故障成本，计算式如下：

$$CF_{outage}=EENS×IEAR\qquad（3-24）$$

式中　$IEAR$——停电损失评价率，也即单位电量停电损失；

$EENS$——电量不足期望值。

停电损失评价率 $IEAR$ 定义为由于电网供电中断造成用户因得不到单位电量而引起的经济损失，可用平均电价乘以一定的倍数来估计，在我国现阶段，采用平均电价的 25 倍来估计停电损失是比较合理的。当然，对不同地区分析时可以适当调整倍数，以符合当地的实际情况。

求取电量不足期望值 $EENS$ 的基本思路如下：

1）进行 $N-1$ 检验，$N-1$ 必须满足；

2）进行 $N-2$ 检验，计算切负荷量；

3）$EENS$ 为 $N-2$ 故障出现概率与切负荷量的乘积。

大规模输电网元件数量众多，$N-2$ 故障组合数目很大，逐个进行 $N-2$ 检验的计算量呈几何级数增长。实际上对于大规模的复杂电力系统而言，对每个 $N-2$ 故障都进行详细的计算是不必要和不切实际的。为了避免大量的计算，工程上较为普遍的方法是由专业人员凭经验设定少量、关键的 $N-2$ 故障进行检验计算。

5. 报废成本

系统级的报废成本 CD_{sys} 主要包括以下三个部分

$$CD_{sys}=f_7-f_8+f_9\qquad（3-25）$$

$$f_8=a（1-bc）\qquad（3-26）$$

$$f_9=a（1-bc）\qquad（3-27）$$

式中　f_7——系统中原有旧设备退役的报废处理成本；

f_8——考虑旧设备的运行年限以及退役时的年限,旧设备替换时的残值;

a——旧设备的成本;

b——折旧率;

c——已经使用的年限;

f_9——考虑系统中原有未退役旧设备的运行年限,该旧设备的残值。

需要注意的是,系统级 LCC 成本中,CD 成本的研究对象是除所研究设备以外的旧设备。如果 LCC 模型是单纯针对所研究设备而建立的,比如进行设备更换策略,维修策略研究,那么其他旧设备的影响不予考虑,则系统级不包含 CD 成本。如果 LCC 模型是针对设备互联所组成的一个系统而建立的,并且这个系统中存在其他旧设备,例如进行规划方案评价、资产管理等,那么系统级中的 CD 成本就不可或缺了。原有网络的残值是可回收的剩余资产的价值,但是对于实际输电网而言,如果设备没有退役的话,这一部分资产仍然是不能回收的,所以 f_9 也是成本的一部分,而 f_8 仍以负值加入到 CD_{sys} 成本中。

6. 外部环境成本

伴随着人类对环境关注度的增加,如果能将外部环境成本转化为内部成本,就能促使企业在追求利益最大化的同时兼顾环境保护的要求,因此,外部环境成本也应当纳入全寿命周期成本中。对输电网而言,外部环境成本 C_{exter} 包括电磁辐射成本 f_{10}、噪声污染成本 f_{11} 以及六氟化硫(SF₆)的泄漏成本 f_{12} 等,对这些环境影响因素的量化可以将污染造成的损害转化为企业的内部经济代价。外部环境成本构成见图 3-3。

(1)电磁辐射成本。输变电设施中的电荷在其周围产生电场,运动的电荷产生磁场,此外,带电导体由于电荷分布的不均匀性,导致局部电荷密度过大,电场强度高而引起电晕,从而产生无线电干扰。因此将电磁环境影响因子分为工频电场、工频磁场和无线电干扰。根据 HJ/24—1998《500kV 超高压送变电工程电磁辐射环境影响评价技术标准》,工频电磁场的评价范围为以变电站站址为中心的半径 500m 内的区域,无线电干扰评价范围为变电站围墙外 2000m 或距离最近带电构架投影 2000m 内区域。同时,HJ/24—1998 标准推荐以 4kV/m 作为居民区工频电场评价标准,推荐应用国际辐射保护协会关于对公众全天辐射时的工频限值 0.1mT 作为磁感应强度评价标准。

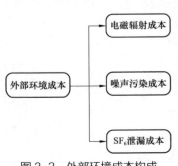

图 3-3　外部环境成本构成

我国目前还没有针对变电站的无线电干扰限值标准，根据国家标准 GB/T 15707—2017《高压交流架空输电线路无线电干扰限值》规定，参考输电线路无线电干扰限值，在距边相导线投影 20m（对于变电站应为围墙外 20m 或距最近带电构架投影 20m）处，要求晴天条件下测试频率为 0.5MHz 的无线电干扰小于 55dB。

将变电站电磁辐射超标量转换成环境成本，计算方法如式（3-28）所示

$$f_{10} = \sum_{i=1}^{3} \Delta E_{di} P_{di} \qquad (3-28)$$

式中　$i=1$——工频电场；

　　　$i=2$——工频磁场；

　　　$i=3$——无线电干扰；

　　　ΔE_{di}——对应某种电磁辐射超标量；

　　　P_{di}——单位超标量的环境成本。

（2）噪声污染成本。变电站噪声污染主要包括变电站建设期的施工噪声以及运行期间的电磁噪声。噪声污染虽并不对自然环境产生直接的损害，但主要影响着周围居民的健康和生活质量。目前我国噪声相关标准有 GB 12348—2008《工业企业厂界环境噪声排放标准》和 GB 3096—2008《声环境质量标准》，这些标准对不同类型的地方在不同时段的可听噪声做出了共同的规定，环境噪声限值标准如表 3-3 所示。因此，需要根据变电站所处位置选择合适的噪声限值标准。

表 3-3　　　　　　　　　环境噪声限值标准（等效声级：　dB）

类别	昼间	夜间	适用范围
0	50	40	康复疗养区等特别需要安静的区域
1	55	45	以居民住宅、医疗卫生、文化教育、科研设计、行政办公为主要功能，需要保持安静的区域
2	60	50	以商业金融、集市贸易为主要功能，或者居住、商业、工业混杂，需要维护住宅安静的区域
3	65	55	以工业生产、仓储物流为主要功能，需要防止工业噪声对周围环境产生严重影响的区域
4a	70	55	交通干线两侧一定距离之内，需要防止交通噪声对周围环境产生严重影响的区域，包括 4a 类和 4b 类两种类型。4a 类为高速公路、一级公路、二级公路、城市快速路、城市主干路、城市干路、城市轨道交通（地面段）、内河航道两侧区域；　4b 类铁路干线两侧区域
4b	70	60	

国内外仍在努力探索如何合理估算噪声污染的环境成本。目前来说，常见的估价方法有防护费用法、意愿支付法以及直接和间接的损害费用法。依据《排污费征收标准管理办法》规定，对产生环境噪声超过国家规定标准的排污者，按照超标分贝数征收一定费用。噪声超标排污费不能完全等同于噪声的环境成本，但在一定程度上可以作为环境成本的估算值。噪声超标排污费征收标准如表3-4所示。

表3-4　　　　　　　　　　噪声超标排污费征收标准

超标分贝数	1	2	3	4	5	6	7	8
收费标准（元/月）	350	440	550	700	880	1100	1400	1760
超标分贝数	9	10	11	12	13	14	15	16及以上
收费标准（元/月）	2200	2800	3520	4400	5600	7040	8800	11200

（3）SF_6泄漏成本。随着我国国民经济的迅速发展，SF_6气体的使用量逐年增加，SF_6气体的物理和化学性能稳定，同时具有良好的绝缘和灭弧性能，因而被广泛地应用于电力设备的生产和使用中。但如果没有按正确的方法对其进行回收和再生处理，那么将导致SF_6气体及其在高温电弧作用下产生的有毒分解物排放到大气中。SF_6的泄漏不仅会降低电力设备的绝缘强度和削弱熄弧能力，对电力设备的安全运行和电力系统的稳定可靠造成威胁，而且还会造成大气污染的恶性后果。

SF_6泄漏的环境成本可按温室效应造成的经济损失来计算。衡量气体温室效应强弱的参数通常用全球变暖潜能值表示，即将气体等效折算成CO_2当量。由相关文献可知，如以100年为基线，其潜在的温室效应作用为CO_2的23900倍，并且它是一种极其稳定的气体，在大气中的SF_6寿命约为3200年。《中国火力发电行业污染物的环境价值标准》研究结果表明：单位重量CO_2环境成本约为0.023元/kg。因此，变电站SF_6泄漏的环境成本可由式（3-29）计算

$$f_{12}=N_{SF_6} \times \theta_{SF_6} \times GWP \times P_{CO_2} \qquad (3-29)$$

式中　f_{12}——SF_6泄漏的环境成本；

　　　N_{SF_6}——变电站SF_6气体使用总量；

　　　θ_{SF_6}——SF_6气体年平均泄漏率；

GWP——SF_6 气体的全球变暖潜能值，即温室效应相对于 CO_2 的严重程度，取为 23900；

P_{CO_2}——单位重量 CO_2 的环境成本。

3.2　基于 LCC 最优的输电网规划模型

在工程实践中，传统的输电网规划可总结为"两步规划法"，包括生成待选方案集（也称为"方案形成"）和评价决策（也称为"方案检验"）两个核心步骤。"方案形成"阶段的任务就是由规划人员提出技术上可行且在技术性能上没有明显差异的几个初步可行的输电网规划方案，即生成待选方案集。该方法简单并易于实施，在输电网规划实践中发挥了积极作用。但由于待选方案是根据规划人员的经验制定的，方案好坏在一定程度上受到规划人员经验知识和主观性影响，因此很难保证所得方案的最优性。

随着电力系统规模的扩大和计算机技术的发展，人们开始研究利用计算机来进行输电网规划，提出了输电网规划的数学优化方法。该方法理论上较为严格，但其约束条件复杂，数学建模和求解存在一定的困难。

本节考虑将两种方法结合起来，优势互补。建立基于 LCC 最优的输电网规划模型，利用数学优化的方法求解得到若干全寿命周期成本最小的、较小的等一系列规划方案；同时也考虑规划人员根据经验提出的若干初选方案，由两种方法提出的方案共同构成待选方案集合，为后续的输电网规划方案技术经济比选和决策提供对象与基础。

建立完整的基于 LCC 最优的输电网规划数学模型涉及大量难以确定和量化的因素。如果考虑的因素太少，会使规划结果失去实际意义；考虑因素太多，又可能导致难以求解。为了确定准确合理的输电网规划模型，本节从目标函数、决策变量、约束条件等几个方面进行分析。

1. 目标函数

长期以来，输电规划一直将经济性作为规划的目标函数，一般包括线路投资费用和输电网运行费用（包括网损费用和维护费用）。随着电力市场的发展和对供电可靠性要求的提高，输电规划不仅要求节省线路投资，供电的安全可靠性水平也越来越受到重视。建立基于 LCC 最优的输电网规划模型是以全寿命周期成本 LCC 最小为目标函数，旨在寻求满足技术校验且经济性最优的规划方案。用 LCC 成本代替传统的投资成本和运行成本，包含的内容更加丰富、考虑的更加全面，确保规划结果不再是单纯考虑短期投入的"短视"结果。

全寿命周期成本 LCC 的构成见图 3-4。

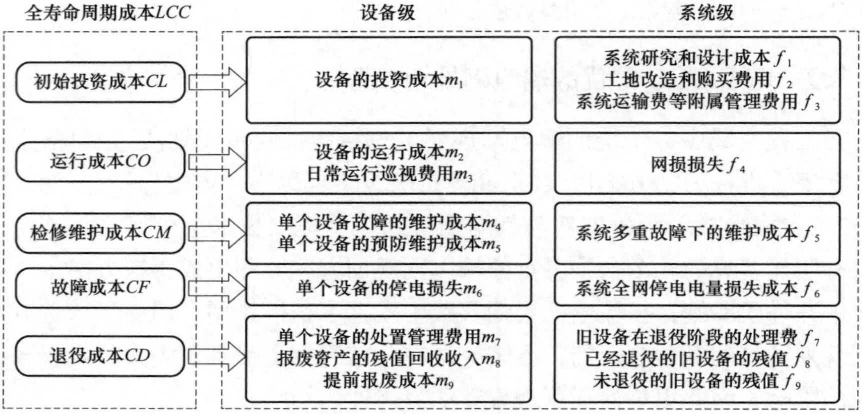

图 3-4　全寿命周期成本 LCC 的构成

2.决策变量

基本的决策变量为给定的待选线路集合，其取值反映相应的线路是否被选中，这些整数型变量确定了网络的拓扑结构。以待选线路为决策变量，并定义决策变量取 1 表示该线路被选中加入系统，同时补充定义决策变量取 0 表示对应的线路在整个规划期间都不建设，这样输电网优化规划问题就转变成了以待选线路为决策变量的优化问题。

3.约束条件

在输电网规划中进行网架规划和线路优选时，输电系统不仅要满足负荷和各类交易的需求，而且必须符合供电质量和安全标准，同时在一定的技术约束条件下寻求最优的目标函数值。该模型考虑的约束条件主要有线路容量约束、负荷点电压约束、新增线路约束和网络连通约束等。

（1）线路容量约束。设 P_i 为线路 i 的实际容量，P_{imax} 为允许流过线路 i 的最大容量，那么线路的实际容量不得超过其最大容量。

（2）负荷点电压约束。为保证规划电网的电压安全性，需要将各个负荷点的电压限定在该节点的上、下界电压范围内，设节点 j 的电压为 U_j，其上、下界电压分别为 U_{jmax} 和 U_{jmin}。

（3）新增线路约束。在进行线路规划时，不同节点上可新增的线路回数是不同的，设节点 i 上的新增线路数为 K_i，允许新增线路数的上限为 K_{imax}。

（4）网络连通约束。网络连通约束要求规划的线路能将所有负荷点都纳入进来，并有相应的电源点供电，从而保持规划网络的连通性和可行性。在形成规划方案时，连通约束是检验线路连接是否合理的必要前提条件。

4. 具体模型

建立基于 LCC 最优的输电网规划模型是以 LCC 最小为目标函数，以功率平衡约束和线路潮流约束为约束条件，旨在找到满足可靠性运行条件下同时使经济性达到最优的输电网规划方案。从而建立基于 LCC 最优的输电网规划模型如下：

$$\min LCC = CI + CO + CM + CF + CD \tag{3-30}$$

约束式：

$$\sum_{k \in S_i}(p'_k - p_k) + \sum_{k \in E_i}(p_k - p'_k) = \left. \begin{cases} p_{Di} - p_{Gi} \\ p_{Di} \end{cases} \right\} \left\{ \begin{array}{c} i \in N_G \\ i \in N - N_G \end{array} \right\} \tag{3-31}$$

$$p_k + p'_k \leqslant p^n_k, \ k \in A_e \tag{3-32}$$

$$p_k + p'_k \leqslant p^n_k Z_k, \ k \in A_n \tag{3-33}$$

式中　N_G——发电机节点集，N 为全部节点集；

　　　P_{Gi}——节点 i 发电机向网络注入的有功功率，kW；

　　　P_{Di}——节点 i 的负荷有功功率，kW；

　　　S_i——以节点 i 为起点的所有支路；

　　　E_i——以节点 i 为终点的所有支路；

　　　p_k——支路 k 的正向潮流；

　　　p'_k——线路 k 的反向潮流（p_k 和 p'_k 中至少有一个为 0）；

　　　p^n_k——线路 k 的最大容量；

　　　A_e——原有线路集；

　　　A_n——待选线路集。

上述的式（3-30）为建立的目标函数表达式；式（3-31）是功率平衡约束；式（3-32）和式（3-33）是线路潮流约束。

规划人员也可以设定一理想值 LCC_E，一般将它设为一较小的正数，此时令 $LCC = LCC_E$。因此在进行输电网规划时，最终目标就是使得输电网的 LCC 最小或者使得 LCC 达到规划人员预期的理想值 LCC_E。

需要注意的是，LCC 成本中检修维护成本 *CM*，运行成本 *CO* 和故障成本 *CF* 是经常成本。在设备的寿命周期内每年都发生，而初始投资成本 *CI* 和报废成本 *CD* 是非经常成本，在设备的寿命期内只发生一次，需要把所有成本都折算到等年值再进行计算。

3.3 模型求解及待选方案集的生成

基于 LCC 最优的输电网规划模型是一个数学优化问题，其约束条件复杂，对求解算法提出了较高的要求。本节详细介绍粒子群优化算法和模拟退火算法的求解过程。

3.3.1 求解算法

3.3.1.1 粒子群优化算法

粒子群优化算法（Particle Swarm Optimization，PSO）是近年来发展起来的群智能优化算法，1995 年由美国学者提出，是一种基于群体迭代的启发式算法。粒子群优化算法的产生来源于对简化的社会模型模拟，它是在鸟群、鱼群和人类社会的行为规律的启发下提出的。粒子群算法不同于遗传算法，在搜索过程中没有交叉、变异操作，具有需要调整的参数少、结构简单、易于实现等优点。近年来，被大量学者研究改进应用于电力系统的研究。因此粒子群算法是所建立的基于 LCC 最优的输电网规划模型的理想求解算法。

1. 粒子群算法基本原理和流程

PSO 中的每个优化问题的解都是搜索空间中的一只鸟，称之为"粒子"，在搜索空间中以一定的速度飞行，这个速度根据它飞行经验和同伴的飞行经验来动态调整，每个粒子的坐标为 $X_i = (x_{i1}, x_{i2}, \cdots, x_{im})$ ($i=1, 2, \cdots, n$)，每个粒子的飞行速度为 $V_i = (v_{i1}, v_{i2}, \cdots, v_{im})$ ($i=1, 2, \cdots, n$)，每个粒子都有一个由优化目标函数决定的适应值，对于第 i 个粒子，其所经历的历史最好位置记为 $P_i = (p_{i1}, p_{i2}, \cdots, p_{im})$，也称为个体极值 p_{best}，整个群体中所有粒子发现的最好位置记为 $P_g = (g_1, g_2, \cdots, g_m)$，也称为全局极值 g_{best}。粒子就是根据这两个极值来不断更新自己的速度和位置：

$$v_{ij}(k+1) = \omega v_{ij}(k) + r_1 c_1 \{ p_{ij} - x_{ij}(k) + r_2 c_2 [g_j - x_{ij}(k)] \} \quad (3-34)$$

$$x_{ij}(k+1) = x_{ij}(k) + v_{ij}(k+1) \quad (3-35)$$

式中　i——粒子的总个数；

　　　j——一个粒子的总维数，根据具体的优化问题而定；

r_1、r_2——[0，1] 之间的随机数；

c_1、c_2——权重因子；

ω—— 惯性权重函数。

PSO 算法流程图如图 3-5 所示。

PSO 算法流程如下：

（1）随机不确定性生成的初始粒子的位置 $X_i=(x_{i1}，x_{i2}，\cdots，x_{im})$ 和其速度 $V_i=(v_{i1}，v_{i2}，\cdots，v_{im})(i=1，2，\cdots，n)$。

（2）将粒子位置代入优化目标函数，计算各粒子适应度值。

（3）各粒子同自身曾得到的最优适应度值 P_i 比较，如果比 P_i 小（最小化），则用当前值替换 P_i，并用当前粒子位置更新自身最优粒子位置。

（4）各粒子适应度与全局最优适应度 P_g 进行比较，如果比 P_g 小，用此值替换 P_g，并用此粒子位置更新全局最优粒子位置。

（5）更新粒子速度和位置。

（6）返回流程步骤 2），直到满足一定的收敛判断条件。

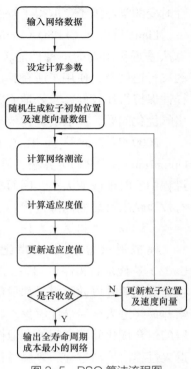

图 3-5　PSO 算法流程图

2. 粒子群算法的改进

因为粒子群优化也属于基于种群的迭代算法，因此它也不可避免地具有一般进化算法都有的一些缺点，例如在解决多峰优化问题时，粒子群优化算法比较容易陷入局部最优值，从而无法找到真正的全局最优值，这些缺点也限制了粒子群优化的应用范围。

如何在提高粒子群优化收敛速度的同时又能避免算法陷入可能的局部最优值，成为粒子群优化研究中的一个重要方面，因而也出现了很多改进的粒子群优化算法，试图用各种方法来提高算法的优化性能，在这些对粒子群优化算法改进的方案中，通常的措施有合理控制算法的参数、增加新的有效算子和完善种群的拓扑结构等。

Mendes 等提出的 FIPS（Fully Informed Particle Swarm）算法使用粒子的所有邻域信息来影响其飞行速度。Ratnaweera 等提出的 HPSO–TVAC(Hierarchical Particle Swarm Optimizer with Time–Varying Acceleration Coefficients) 算法采用线

性时变的学习因子，取得了较好的优化效果。

Liang 等提出 CLPSO（Comprehensive Learning Particle Swarm Optimizer）的算法是近年出现的一种性能较好的粒子群优化算法。CLPSO 在更新一个粒子的飞行速度时，使用了所有其他粒子的历史最优位置信息，因此算法的种群多样性保持得比较好，较好地避免了算法在搜索过程中的早熟现象。特别是对于多峰优化问题，算法的优化效果是比较理想的。

2009 年 Zhan 等提出了自适应粒子群优化（Adaptive Particle Swarm Optimization，APSO）算法，算法的控制参数惯性权重和学习因子可以在搜索过程中实时地改变大小，因而提高了算法的搜索性能和收敛速度，并且能更加有效地跳出可能的局部最优。

3.3.1.2　模拟退火算法

模拟退火算法是 20 世纪 80 年代初提出的一种基于蒙特卡罗（Mente Carlo）迭代求解策略的启发式随机优化算法。它通过 Metropolis 接受准则概率接受劣化解并以此跳出局部最优，通过温度更新函数的退温过程进行趋化式搜索并最终进入全局最优解集。其出发点是基于物理中固体物质的退火过程与一般的组合优化问题之间的相似性。模拟退火法是一种通用的优化算法，其物理退火过程由加温过程、等温过程和冷却过程三部分组成。

（1）加温过程。加温的目的是增强粒子的热运动，使其偏离平衡位置。当温度足够高时，固体将熔为液体，从而消除系统原先存在的非均匀状态。

（2）等温过程。对于与周围环境交换热量而温度不变的密封系统，系统状态的自发变化总是朝自由能减少的方向进行的，当自由能达到最小时，系统达到平衡状态。

（3）冷却过程。冷却是使粒子热运动减弱，系统能量下降，得到晶体结构。

其中，加热过程对应算法的设定初温，等温过程对应算法的 Metropolis 抽样过程，冷却过程对应控制参数的下降。这里能量的变化就是目标函数，要得到的最优解就是能量最低态。

模拟退火算法可以用以求解不同的非线性问题，对不可微甚至不连续的函数优化，能以较大的概率求得全局优化解，该算法还具有较强的鲁棒性、全局收敛性、隐含并行性及广泛的适应性，并且能处理不同类型的优化设计变量（离散的、连续的和混合型的），不需要任何的辅助信息，对目标函数和约束函数没有任何要求。利用 Metropolis 算法并适当的控制温度下降过程，在优化问题中具有很强的竞争力。

模拟退火算法实现过程如下（以最小化问题为例）：

（1）初始化：取初始温度 T_0 足够大，令 $T=T_0$，任取初始解 S_1，确定每个 T 时的迭代次数，即 Metropolis 链长 L。

（2）对当前温度 T 和 $k=1$，2，$\cdots$，n，重复步骤（3）~（6）。

（3）对当前 S_1 随机扰动产生一个新解 S_2。

（4）计算 S_2 的增量 $\mathrm{d}f=f(S_2)-f(S_1)$，其中 f 为 S_1 的代价函数。

（5）若 $\mathrm{d}f<0$，则接受 S_2 作为新的当前解，即 $S_1=S_2$；否则计算 S_2 的接受概率 $exp(-\mathrm{d}f/T)$，即随机产生（0,1）区间上均匀分布的随机数 rand，若 $exp(-\mathrm{d}f/T)>$rand 也接受 S_2 作为新的当前解，$S_1=S_2$；否则保留当前解 S_1。

（6）如果满足终止条件 Stop，则输出当前解 S_1 为最优解，结束程序。终止条件 Stop 通常为：在连续若干个 Metropolis 链中新解 S_2 都没有被接受时终止算法，或是设定结束温度。否则按衰减函数衰减 T 后返回步骤（2）。

以上步骤称为 Metropolis 过程。逐渐降低控制温度，重复 Metropolis 过程，直至满足结束准则 Stop，求出最优解。

3.3.2 待选方案集的生成

传统的输电网规划方法简单、易于实施，但往往受到规划技术人员的经验和主观性影响；输电网规划的数学优化方法理论上较为严格，但其约束条件复杂，数学建模和求解比较困难。本章考虑将两种方法结合起来，优势互补——首先建立基于 LCC 最优的输电网规划模型，利用数学优化的方法，如粒子群优化算法、模拟退火算法等，求解得到若干全寿命周期成本最小的、较小的等一系列规划方案；同时也考虑规划人员根据经验提出的若干初选方案，由两种方法提出的方案共同构成待选方案集合，为后续的输电网规划方案技术经济综合比选和决策提供对象与基础。

形成的待选方案的流程图如图 3-6 所示。

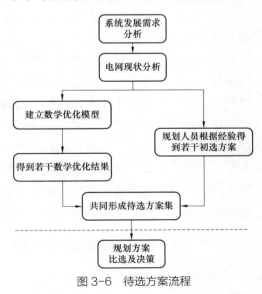

图 3-6 待选方案流程

第4章 用于规划评价的 SEC 指标体系构建

输电网规划是电力系统规划的重要组成部分，是保障电力系统稳定发展的重要工作，是根据电力系统的负荷及电源发展规划对电网的主网架做出相适应的调整或拓展。由于其需要考虑具体的网络拓扑结构，故输电网规划决策变量维数比较高，同时一个较理想的规划方案需满足经济性、可靠性、安全性、灵活性、适应性等多方面的要求，应满足的约束条件也相当复杂，如果将所有的约束条件统一到一个规划模型中考虑，高维的决策变量和大量的约束条件将会使规划模型变得非常复杂，虽然随着计算机技术的发展，遗传算法、动态规划算法、蚁群算法、粒子群算法等搜索算法已具有非常好的寻优效果，但面对如此庞大的规划模型仍是难以求解。因此，目前的输电网规划通常是先根据部分容易量化处理的约束条件产生多个有竞争力的可行性方案，然后评价各规划方案对全部约束条件的满足情况，计算出各方案的评价指标值，最后借助于综合评价方法对多个难以取舍的规划方案做出分析决策，因此输电网规划方案的评价决策是否科学合理，对于提高输电网的建设水平，实现电网企业的可持续发展和社会能源资源的优化配置具有深远的意义。

在采用"两步规划法"的输电网规划中，评价决策（也称"方案检验"）是其第二个核心步骤。在对初选方案评价决策过程中，评价指标体系的构建是最重要的理论基础之一。本章在全寿命周期成本这一经济性指标基础之上，研究电网规划的安全和效能指标，建立考虑电网安全、效能、成本的综合评价指标体系（SEC），用以对电网规划方案进行更加全面的评价。

4.1 国内外输电网规划评估概况

对于输电网规划项目而言，判断其是否合理，以及经济效果和对社会、环境影响是十分重要的，也正是鉴于其重要性，各个国家和机构都在对其进行积极的研究工作。由于各国电力系统的实际情况不同，进行输电网规划经济技术评价时考虑的侧重点亦存在很大的差异，本节选取法国、美国和英国输电网规划经济评价和比选方法为例进行分析。

4.1.1　国外概况

4.1.1.1　法国输电网规划经济技术比选现状

法国输电网规划遵循"远近结合"的思路，首先，制定全国范围内的输电网远景（30 年及以上）战略性问题，在此基础上编制 5~30 年的中长期发展规划，将长期规划方案分解到中期规划中予以落实，在中期规划中通过细化输配电线路、变电站和其他设备选择，分析输电网薄弱环节，最终形成 1~4 年的短期规划方案，提供给决策部门作为决策支撑依据。

法国电网公司"经济技术比选"主要以最少投资实现最优供电可靠性的目标，通过计算全寿命周期内的总费用来决定规划方案与建设时机，适用于多方案的比选。所用方法为总费用比较法和收益率排序法。

法国输电网规划方案技术经济比选流程如图 4-1 所示。

首先分析输电网发展现状，找出薄弱环节，根据薄弱环节分析，结合负荷预测结果，提出初步规划方案。之后计算各方案的总费用，选择总费用较低的若干方案。接着计算收益率，对初选方案进行排序，并确定最终投资时间。

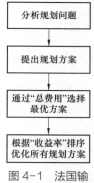

图 4-1　法国输电网规划方案技术经济比选流程

4.1.1.2　美国输电网规划经济技术比选现状

美国加州独立系统调度机构作为地区独立运营公司，主要职责是收集地区负荷数据，进行本地区电网负荷的预测和可靠性、经济性评估，审批其监管的电力公司的建设计划。其要求对输电网投资者所申请的输电网投资项目进行经济评估，并在保证系统可靠性的基础上，提出了 TEAM（Transmission Economic Assessment Methodology）方法，用来计算量化输电网扩展的经济效益。

美国电网采用的 TEAM 方法利用效益框架对输电网扩展项目的各种参与者的经济利益进行评估，主要制定了四个经济指标来对输电规划项目的各方面影响进行评估。

（1）用户所得净效益：用电网项目建设前后用户实际支出费用的差值来表示。

（2）发电厂商所得净收益：电网项目对发电厂商的影响可由电网项目建设前后发电厂商获利之差来体现。

（3）阻塞净盈利：为电网项目建设前后因为阻塞所带来的利益之差。

（4）全社会净效益：该指标是以上三项指标之和，反映的是电网规划项目对全社会效益的影响。

美国输电网规划方案技术经济比选流程如图4-2所示。首先进行负荷预测，然后结合负荷预测结果和输电网发展情况，制定未来输电网发展规划方案和替代方案。基于 TEAM 法对各方案进行经济技术分析，确定最优规划方案。

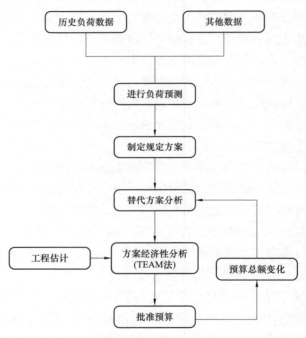

图 4-2　美国输电网规划方案技术经济比选流程

4.1.1.3　英国电网规划经济技术比选现状

1968 年，英国颁布第一个供电安全标准（Engineering Recommendation P2/4，ER P2/6）；1978 年，基于当时的安全理论和实际平均事故率对 ER P2/4 标准进行了修订，形成了 ER P2/5 标准；1979 年，英国电力局组织编写了指导 ER P2/5 标准应用的《供电安全标准应用方法报告》，并完善了《国家标准事故和停电报表》；随着分布式电源的迅速发展，英国能源网络联合会（Energy Network Association，ENA）于 2006 年 7 月 1 日颁布了 ER P2/6 标准。

"《供电安全导则》ER P2/6"是英国电力委员会基于电力可靠性数据积累、

可靠性概率理论分析手段发展以及大量可靠性工程和成本效益分析（Reliability Engineering and Cost-benefit Techniques）案例研究制订的标准，强调在电网投资和供电可靠性之间寻求最佳平衡点，具有科学性、严谨性、结构性、实效性等各方面优点。其核心思想为：以最终客户的供电可靠性作为规划目标，巧妙地将系统安全性与客户负荷大小相关联，按照负荷组大小划分级别，用"N-1"和"N-2"法则作为衡量手段，给出了各级电网所应达到的不同的安全和可靠水平。

ER P2/6 标准侧重于配电网中的应用，并在此基础上延伸至输电网领域，从分类上来讲属于确定性标准，实质上来源于大量的概率性、经济性分析，常应用于电网规划和项目评估决策。基于 ER P2/6 标准的电网规划方案经济比选主要采取总成本最低法和成本效益最大法，主要经济技术指标包括各方案的成本、效益、可靠性提升、供电量损失等。

基于 ER P2/6 标准的电网规划方案经济比选流程如图 4-3 所示。

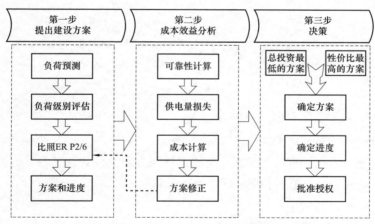

图 4-3　基于 ER P2/6 标准的电网规划方案经济技术比选流程

基于 ER P2/6 标准的电网规划方案经济比选流程如下：

（1）提出建设方案。基于负荷预测，评估负荷组级别，与 ER P2/6 标准规定比较，提出相应的规划方案及方案进度情况。

（2）成本效益分析。基于第一步提出各方案的可靠性计算，确定各方案的供电量损失和建设成本，并对方案进行修正。

（3）方案决策。基于总成本最低和效益成本比最大评选标准，确定最终规划方案和建设进度，并申请批准授权。

综合以上，可总结出国外输电网规划经济技术比选有以下特点：

（1）国外电网规划经济技术比选方法较为简单，涉及指标较少，无需进行大量的数据计算和报表编写；

（2）国外输电网规划经济技术比选需要满足一定的供电安全及可靠性要求；

（3）国外输电网规划经济技术比选与相应的供电安全规程相结合，具有一定的指导性和实用性；

（4）国外输电网发展比较成熟，电网负荷及电量增长幅度较小，输电网网架变动不大，在进行经济技术比选时影响因素较少，比选所涉及数据准确性较高。

4.1.2　国内概况

4.1.2.1　最小年费用法

目前，国内最常用的输电网规划方案的经济评价和比选方法为最小年费用法，即选取通过技术校验的、年费用最小的方案为最后的推荐方案。其数学描述如下：

$$\min AV(C_i + \sum_{t=1}^{T} O_{i,t}) \tag{4-1}$$

$$O_{i,t} = \alpha_{i,t} C_i + L_{i,t} + H_{i,t} \tag{4-2}$$

式中　AV——求取年费用，万元；

　　　T——计算期，通常选为 15~25 年；

　　　c_i——方案 i 的初始投资，与所选规划方案及设备选型相关，万元；

　　　$O_{i,t}$——方案 i 第 t 年的运行费用，万元；

　　　$\alpha_{i,t}$——运行费率；

　　　c_i——初始投资，万元；

　　　$L_{i,t}$——年损耗费用，万元；

　　　$H_{i,t}$——年其他费用，万元。

最小年费用法概念清晰、计算简单、易于实施，在相当长一段时期内的规划方案经济比选实践中发挥了积极作用，然而也存在明显的不足：

（1）成本因素考虑不全，且初始投资权重较大，对于不同方案运行维护成本、输供电能力的差异性考虑不足。

该方法一般只对初始投资进行详细分析计算，而对输电网建成后的运营和维护成本考虑很粗略（运行维护成本一般按投资费用的百分比估算），而停电成本几乎不考虑，且初始投资在方案比选中所占的权重较大。而实际上，规划方案的经济性还与设备寿命、可靠性差异、土地成本、输供电能力等社会成本或效益有关，这些因素受到的重视程度不够。

（2）规划方案比选按照 20~25 年经济寿命期考虑，远未达到设备的使用寿命，方案比选相对短视。

最小年费用法的计算期一般为经济寿命期，通常选为 20~25 年。这是因为受历史条件限制，过去输电网建设资金较为紧张；同时考虑到当时输变电技术和设备制造水平不高，寿命较短，可能会提前出现输变电设备的更新换代。此外，输电网投资决策更多地重视回收成本。因此方案比选时选用经济寿命期，对于设备的实际运行寿命周期内的经济性比较几乎没有涉及。而从实际运行经验来看，国内外的输变电设备的实际使用寿命通常都达到了 40 年以上，以经济寿命期作为计算比较周期的方法已经不能真实反映各方案的实际经济性与适应性。从规划设计的特点来看，决策必须着眼于长远，方案比选中也需要考虑输电网扩展后的长期适应性。

4.1.2.2　基于全寿命周期成本理念的比选方法

随着全寿命周期成本理念的发展及在国内推广应用，我国输电网规划方案经济技术比选也逐步开始采用基于全寿命周期成本的经济比选方法。在规划方案比选决策中，不仅仅是考虑方案的初始投资，也考虑设备在整个全寿命周期内的各种成本，包括安装、运行、维修、改造、更新直至报废的全过程。

2013 年，国家电网公司组织 3 家省公司开展资产管理体系试点建设的同时，总部发展部下发《关于印发资产全寿命周期管理输电网规划方案比选关键业务试点工作方案的通知》（发展前期〔2013〕80 号）。组织开展了输电网规划方案比选关键业务试点工作，要求各省级电力公司以资产全寿命周期管理评价模型为基础，以统一的资产管理策略为指导，以设备的全寿命周期为规划研究周期，针对主、配网开展规划方案比选关键业务试点工作，进一步提高输电网规划的科学性，最终实现输电网资产全寿命周期各环节工作的协调统一。

目前，在主网与配网方面均开展了资产全寿命周期管理输电网规划方案比选的课题研究及试点工作，取得了一定成果。在输电网规划中主要采用的方式是，假设规划方案分若干阶段投资，方案的总寿命周期为 n，则该方案全寿命周期成本计算方法如下：

$$
\left.\begin{array}{l}
A\left(LCC\right)=\sum_{t=1}^{j}\left[A_{CI}\left(t\right)+A_{CO}\left(t\right)+A_{CD}\left(t\right)\right]+A_{CL} \\[2mm]
P\left(LCC\right)=\sum_{t=1}^{j}\left[P_{CI}\left(t\right)+P_{CO}\left(t\right)+P_{CD}\left(t\right)\right]+P_{CL} \\[2mm]
A\left(LCC\right)=P\left(LCC\right)\left(A/P,i,n\right)
\end{array}\right\} \qquad （4\text{-}3）
$$

式中　$A\left(LCC\right)$——方案总成本费用等年值，万元；

　　　$A_{CI}\left(t\right)$——方案实施过程中各阶段设备投资的等年值，万元；

　　　$A_{CO}\left(t\right)$——各阶段投入的设备运行维修费用的等年值，万元；

　　　$A_{CD}\left(t\right)$——各阶段投入的设备废弃成本的等年值，万元；

　　　　A_{CL}——方案全寿命周期的损耗成本等年值，万元；

　　$P\left(LCC\right)$——方案总成本费用折算至初始年的现值，万元；

　　　$P_{CI}\left(t\right)$——方案实施过程各阶段设备投资的现值，万元；

　　　$P_{CO}\left(t\right)$——各阶段投入的设备运行维修费用的现值，万元；

　　　$P_{CD}\left(t\right)$——各阶段投入的设备废弃成本的现值，万元；

　　　　P_{CL}——方案全寿命周期的损耗成本现值，万元。

在规划方案比选中，一般是选择 $A\left(LCC\right)$ 或者 $P\left(LCC\right)$ 较小的方案作为推荐方案。

在输电网规划及方案评价过程中引入全寿命周期理念，可以充分考虑输电网的前期设计、项目施工、维修与运行以及输电网后期扩展改造直至最终更新拆除的整个寿命周期，针对规划计算期内的成本和效益进行全面分析，使输电网实现成本最小或效益最大的目标。基于全寿命周期成本理论的输电网规划是一种在可靠性及寿命管理的基础上，使输电网规划建设的综合经济效益最终归纳为财务成本及产出的新型规划思路。

在输电网规划及方案评价中采用全寿命周期成本方法，具有以下特点：

（1）不再是简单的投入计算，而是综合考虑不同方案的可靠性、供电能力、服役寿命等差异。在以往输电网规划设计中，投资决策过程中主要关注的是投资和运行维护成本，全寿命周期成本在电力系统管理中应用的最重要的特点是将风险损失费用考虑进去，作为一种"惩罚性成本"。

（2）在输电网规划设计中局部方案或设备的投资，会影响电网整体方案的经济性，因此在电力系统中应用全寿命周期成本理论是要从全系统着眼，在整个电网系统考虑全寿命周期成本最低，强调方案决策的整体性和长期性。

然而，在进行输电网规划方案的技术经济比选时，仅考虑全寿命周期成本依然存在一定的局限，基于上述全寿命周期成本模型，规划比选时，主要从全寿命周期成本方面考虑，关注的是规划方案的效益保证，缺乏相关安全、效能等因素的统筹考虑。如果一味强调 LCC 最优，对保证电网的稳定运行是不利的，同时 LCC 最优的方案也未必是投入产出效率最高的方案。因此仅从 LCC 的角度来衡量输电网规划方案的优劣，是存在一定局限性的。

4.2　评价指标体系构建原则

在建立输电网规划方案评价指标体系时，各指标的选取一方面要尽可能全面地反映电网实际情况，不能遗漏任一重要的指标；另一方面也要考虑到数据采集难度、计算量等实际情况，真正做到既不重复也不遗漏。因此，评价指标体系的建立需要满足如下原则：

（1）系统性原则。用于综合评价的指标体系，不但要尽可能确保完整、全面而系统地反映电网规划方案评价的整体概况，同时还要以主要和关键因素为重点进行选择评价指标。

（2）科学性原则。科学性原则是指在设置指标体系时，要体现合理性、准确性、全面性的要求。合理性要求是指设置的评价指标必须能恰如其分地反映评价项目的客观情况；准确性要求是指设置指标的形式、内容必须能正确地反映评价某一方面的情况；全面性要求指标设置的系统性和完整性，即从不同侧面全面反映评价对象的经济效益等各个方面，以及存在的问题。

（3）实用性原则。实用性原则是指指标的设置要实用，容易理解，基础数据容易收集。

（4）互不重叠、有机结合原则。指标体系中的指标一方面尽可能不要包含过多的内容和涵盖，同时还要求各指标间存在一定的逻辑关系，这样构成的指标体系才能确保评价结论不失真，又能使指标体系成为一个有机整体。

（5）可比性原则。指标与指标体系的设计要在影响范围、计算方法等方面具有可比性，要采用标准化、系列化的方法，使指标之间相互协调，衔接配套，以满足多层次，多样化的需要。注意研究将不可比因素转化为可比因素，以满足纵向对比、横向对比的需要，满足共同的比较基础和比较条件。

4.3　SEC 指标体系框架

依据我国《电力系统安全稳定导则》《电力系统技术导则》《国家电网公司

电网规划设计内容深度规定》等对电网规划的要求，可归纳出电网规划应满足的技术经济要求如表 4-1 所示。

表 4-1   我国电网规划应满足的技术经济要求

要求	指标	方案分析	满足原则
可靠性	充裕性（静态可靠性）	是否满足 $N-1$ 准则要求	分层分区原则
			避免严重影响电网安全的电磁环网 ……
安全性	安全性（动态可靠性）	满足"三道防线"稳定要求	加强重要输电通道建设
			加强受端电网建设
			合理布局三道防线
			合理布局电源
			充足的无功备用容量……
经济性	初始投资、运行费用	进行多方案比较，选择年费用或总投资最小或较小的方案	经济合理
适应性	对电源建设方案、负荷水平等因素变化的适应性	敏感性分析	适应性强

结合我国电网规划应满足的技术经济要求，目前电网规划评估指标一般包括技术性指标、适应性指标和经济性指标三大类。其中，技术性指标采用的是确定性故障检验方法，如 $N-1$ 准则；适应性评价一般采用定性的评价方法；经济性指标通常采用初始投资成本和年费用进行分析，而对电网建成后的运行和检修维护成本、故障停电成本考虑不足。随着可持续发展理念的深入人心，资产全寿命周期管理的逐渐推广，近几年，国家电网公司在电网规划评价中推行全寿命周期成本的理念，拓展了经济性指标和经济性分析的内涵，不仅仅是考虑初始投资，也考虑整个全寿命周期内的支持成本，在一定程度上提高了经济性指标的科学化、精益化水平，但仍存在效能等因素考虑不足的问题。

本章在全寿命周期成本这一经济性指标基础之上，研究电网规划的安全和效能指标，建立考虑电网安全、效能、成本的综合评价指标体系（SEC），用以对电网规划方案进行更全面的评价。

构建 SEC 综合指标体系由安全指标、效能指标、LCC 指标三部分构成，每一部分又包含若干个二级指标，而二级指标也可分为若干子指标，其构成如

图 4-4 所示。构建 *SEC* 综合指标体系其实质就是在全寿命周期管理理念的基础上，对电网规划方案的安全、效能、全寿命周期成本进行量化分析和评估，进一步结合科学的比选方案，确保推荐方案的安全、效能和全寿命周期成本的综合最优。

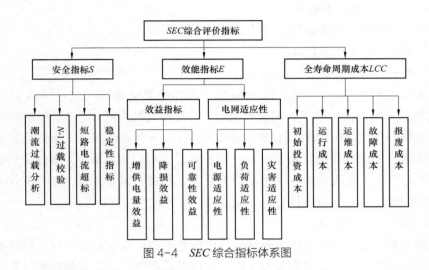

图 4-4　*SEC* 综合指标体系图

安全指标反映了输电网规划方案在未来实际运行中必须满足的安全性条件，是输电网安全稳定运行的前提。安全指标包括以下四个方面的内容：电网正常运行要满足基本潮流要求，不能发生潮流越限故障；电网要满足 *N*–1 校验；发生短路故障时，短路电流低于断路器遮断容量；同时还必须满足稳定校验。

效能指标体现输电网方案实施给电力公司带来的效益以及输电网方案对外部不确定因素的适应能力，可分为效益指标和电网适应性指标。效益指标包括三个子指标：增供电量效益、降损效益和可靠性效益；电网适应性指标包括三个子指标：电源适应性、负荷适应性和灾害适应性。

全寿命周期成本指标是指输电网规划方案整个寿命周期内，从初始投资到项目实施后的运行、检修维护、故障和报废处置等阶段的所有成本总和。全寿命周期成本指标既考虑短期成本也考虑了长期成本，可以全面地衡量输电网规划方案的成本。其包括五个子指标：投资成本、运行成本、检修维护成本、故障成本和报废成本。

4.3.1　安全指标

安全指标 *S* 反映输电网规划方案在未来运行过程中必须满足的安全性要

求,包括潮流过载分析、N–1过载校验、短路电流超标和稳定指标。其构成如式:

$$S = \frac{1}{S_1 \ S_2 \ S_3 \ S_4} \qquad (4-4)$$

式中　S_1——潮流分析指标;

　　　S_2——短路电流指标;

　　　S_3——N–1校验指标;

　　　S_4——稳定性指标。

为了方便处理,S_1、S_2、S_3和S_4四个指标的取值采用二元逻辑值[0,1],若规划方案满足指标要求,则逻辑值取1,否则逻辑值取0。安全性指标是规划输电网必须满足的,是未来输电网安全运行的基础。这四个子指标是规划方案必须满足的硬性指标,若其中任一项不满足,则逻辑值取0,那么安全指标S值为无穷大。若四个指标均满足相关要求,则逻辑值都为1,表明该方案满足必需的安全稳定约束条件。

1. 潮流分析指标S_1

电力系统潮流计算是电力系统分析中最基本的运算,主要内容是根据给定电力系统网络拓扑、元件参数和发电、负荷参量条件,计算有功功率、无功功率及电压在电力网中的分布情况。潮流分析指标主要衡量输电网中是否存在超出安全稳定约束的问题,如出力越限、电压越限、支路过载等。其约束条件的如式:

$$\left.\begin{array}{l} S_k \leq S_{k,max} \\ U_{i,min} \leq U_i \leq U_{i,max} \\ I_{ij} \leq I_{ij,max} \\ f_{min} \leq f \leq f_{max} \end{array}\right\} \qquad (4-5)$$

式中　S_k、$S_{k,max}$——分别为发电机、变压器或用电设备功率及上限,MVA;

U_i、$U_{i,max}$、$U_{i,min}$——分别为母线电压及其上限、下限,kV;

　　I_{ij}、$I_{ij,max}$——分别为输、配电线路中的电流及其上限,A;

　f、f_{max}、f_{min}——分别为系统频率及其上限、下限,Hz。

对规划中的电力系统,通过潮流计算来确定提出的电力系统规划方案是否满足各种运行方式下约束条件的要求。如果符合,潮流分析指标的值取为1;如果不符合,其值取为0。

2. 短路电流指标 S_2

短路电流指标主要反映输电网在线路全接线、电源全开机的最大方式下，各母线短路电流水平是否超过相应断路器的开断能力。

如果输电网规划方案的短路电流超过断路器的遮断容量，则短路电流超标，指标逻辑值取为 0，如果计算得出的短路电流小于断路器的遮断容量，则短路电流没有超标，其逻辑指标取为 1，规划方案满足短路电流的校核要求。

3. N–1 指标 S_3

N–1 是电网运行必须满足的条件。如果输电网规划方案通过 N–1 校验，则该指标逻辑值为 1；否则该指标取逻辑值为 0，则此方案不满足 N–1 校核要求。

4. 稳定性指标 S_4

电力系统稳定性主要包括静态稳定性和暂态稳定性。静态稳定性是指电力系统受到小扰动后，不发生非周期性的失步，能自动恢复到初始运行状态的能力。暂态稳定性指正常运行的电力系统受到较大的扰动，它的平衡受到相当大的波动时，将过渡到一种新的运行状态或回到原来的运行状态，继续保持同步运行的能力。

稳定性指标是对规划输电网稳定特性的度量，由于目前输电网稳定性能的定量化尚存在很大困难，因此稳定性指标 S_4 采用 [0, 1] 二元指标，即输电网规划方案满足稳定性校核，S_4 取 1；若规划方案不满足稳定性校核，S_4 取 0。

4.3.2　效能指标

1. 效能概念

效能的含义为系统实际行为的性能表现与既定目标性能行为之间的实现程度，也就是达到系统期望的目标要求的程度。而电力系统的效能是指在一定的时间周期内和规定的条件下，输电网中的全部或者部分资产在效益、质量等方面的表现与电力系统既定标准之间的匹配情况。全寿命周期成本低的输电网方案不一定产生较高的效能，因此除考虑输电网方案的全寿命周期成本外，还应考虑输电网规划方案实施后可能产生的效能。

本书中，效能指标 E 主要是指输电网在全寿命周期内产生的经济效益（含增供电量效益、降损效益、可靠性效益三部分）和电网适应性指标。

2. 增供电量效益

增供电量是由于电网供电能力增加导致的售电量增加值，供电企业需要用增加的售电量收益来偿还投资。增供电量效益是电网供电能力提高而增供的电量所产生的收益，因此增供电量收益是方案比选中最重要的收益，由某一电压等级输电网的增供电量乘以该电压等级单位电量收益得到。

增供电量收益能在多大程度实现取决于两个因素：首先，有没有足够的负荷增长，如果没有负荷增长，再大的供电能力也不能实现收益的增加；其次，有没有合适的供电能力，没有供电能力的支撑，大量负荷增长会使得电网处于不安全供电状态。

需要注意的是，建设项目的新增负荷不能简单地采用项目投产前后的负荷之差，主要有两大原因：其一，在新建变电站或线路项目投产的初期，实际供电负荷一般较小，所产生的效益较小，投资前后的负荷之差不能反映建设项目未来年份持续产生的效益；其二，若原有电网留有供电裕度，投资后负荷的增长有一部分由原电网供电裕度承担，即投资前后输电网的负荷之差，不是投资后第 1 年新建项目的新增负荷。因此，可以认为在投产前原工程剩余裕度还没有完全发挥完供电能力之前，增供电量的收益为零。

因此本书构建了基于供电能力的增供电量计算模型，以供电能力作为计算因子，结合逐年度负荷增长情况，分阶段计算有效增供负荷进而求得有效增供电量，如图 4-5 所示。

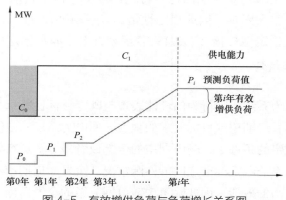

图 4-5　有效增供负荷与负荷增长关系图

增供电量效益应该从存量设备裕度完全贡献完供电能力后的第 1 年开始，如图中绿色虚线显示处，此时新投产的项目才开始产生新增的供电能力，并转化成增供电量效益。

当新投产的项目供电能力完全释放之后，运行年限超过供电能力释放年份时，说明供电潜力已经用尽，此时增供负荷等于项目本身增加的供电能力。增供电量效益就会保持恒定水平不变，即图中粉色线之后。

遵循输电网规划与负荷发展相协调的原则，规划期内电网供电能力高于电网负荷。有效增供负荷存在以下三种状态：

（1）若第 i 年负荷小于项目投产前的供电能力，则第 i 年增供负荷为 0；

（2）若第 i 年负荷大于项目投产前的供电能力，且小于项目投产后的供电能力，则增供负荷为第 i 年负荷减去项目投产前供电能力；

（3）若第 i 年负荷大于项目投产后的供电能力，则增供负荷为项目投产后的供电能力减去项目投产前的供电能力。

计算公式如下：

$$P_{Pi} = \begin{cases} 0 \ L \ L \ L \ L \ (P_i \leqslant C_0) \\ P_i - C_0 \ L \ L \cdots (C_0 \leqslant P_i < C_1) \\ C_1 - C_0 \ L \ L \ L \cdots (P_i \geqslant C_1) \end{cases} \qquad （4-6）$$

式中　P_{Pi}——第 i 年的有效增供负荷，kW；

　　　P_i——第 i 年的预测负荷，kW；

　　　C_0——项目投产前相关电网区域的供电能力，kW；

　　　C_1——项目投产后相关电网区域的供电能力，kW。

相关电网的供电能力的计算可采用试探法和线性规划法。有时为了简化工作量，也可取相关电网内部某一电压等级变电容量的一定比例近似作为供电能力进行计算。

（1）试探法。给定该系统在研究期间的某一负荷水平（MW），并算出每条母线上分配到的负荷值（MW）。由给定的负荷水平可求得一种满足负荷需求的发电调度出力。然后计算潮流，检验每一条输电线是否过负荷。反复进行计算，直到发电出力调到最大，线路无过负荷时为止，便可求出系统的负荷供应能力，这种方法概念清晰易懂，但计算费时且有时得不到最优解。

（2）线性规划法。直接应用直流潮流方程一次算出系统某种状态下的负荷供应能力，是一种更为有效的方法。系统的负荷供应能力就是在发电设备和输电线路都不超过额定容量的约束条件下，求总发电出力的最大值。可用标准的线性规划方法求解。数学表达式为：

目标函数：　　　　　$LSC = \max \sum_{i=1}^{n} G_i$

约束条件：　　　　　线路潮流 ≤ 线路额定容量　　　　（4-7）
　　　　　　　　　　发电出力 ≤ 发电额定容量

式中　LSC——系统的负荷供应能力；

　　　G_i——母线 i 上发电设备实际调度出力；

　　　n——母线条数。

求解时，假定网络中各母线的负荷分配比例在各种系统负荷水平下保持不变，采用直流潮流计算的假设条件及算法（见潮流计算直流法），这种情况下只计算线路的有功潮流，其值与线路两端的电压相角差成正比。

这样可以把式（4-7）改写成如下形式

$$
\left.
\begin{aligned}
\text{目标函数：} \quad & LSC = \max \sum_{i=1}^{n} G_i \\
\text{约束条件：} \quad & HG \leqslant P_{\text{branch N}} \\
& G \leqslant G_{\text{N}}
\end{aligned}
\right\}
\quad (4\text{-}8)
$$

式中　$P_{\text{branch N}}$——支路额定传输容量矩阵；

　　　H——系数矩阵；

　　G、G_{N}——分别为接到母线处发电调度出力和额定容量构成的矩阵。

由于此算法基于直流潮流，忽略了电压和无功的影响，不适用于缺乏无功支持和有效电压控制的重负荷系统。如果采用交流潮流模型，则通常把整个问题分解为有功功率和无功功率两个子优化问题，在求解方法上，大都采用分段线性或逐次线性化逼近非线性规划问题，然后利用线性规划方法求解。

求出相关电网的供电能力后，就可以计算有效增供负荷，进而计算增供电量效益。增供电量效益是有效增供负荷带来有效增供电量，进一步带来增供电量效益，因此全寿命周期内每年现值计算公式如下：

$$E_{\text{p}i} = \Delta P_{\text{p}i} T_{\max} \Delta t \qquad (4\text{-}9)$$

式中　$E_{\text{p}i}$——第 i 年的增供电量收益；

　　　$\Delta P_{\text{p}i}$——第 i 年的有效增供负荷，kW；

　　　$T_{\max}$——最大负荷利用小时数，h；

　　　Δt——售购电价差 = 全网售电价 - 全网购电价。

增供电量效益计算流程如图 4-6 所示。

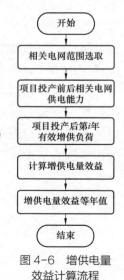

图 4-6　增供电量效益计算流程

3. 降损效益

正常情况下，输电网项目投产后，输电网结构得到优化，网损率降低，从而产生降损效益。

（1）当 $P_i \leqslant C_0$ 时，输电网项目实施前的原输电网能够承受负荷的要求，其降损效益 E_{Li} 为：

$$E_{Li} = (P_{LBi} - P_{LAi}) \tau_{max} P_G \qquad (4-10)$$

式中　P_{LAi}——项目投产后输电网的网损，kW；

　　　P_{LBi}——项目投产前输电网的网损，kW；

　　　P_G——购电价；

　　　τ_{max}——最大负荷损耗小时数。

（2）当 $C_0 < P_i \leqslant C_1$ 时，项目投产后的输电网能够承受第 i 年的负荷，原电网却不能承载相应的负荷。此时已不能通过综合程序 PSASP 求出原来电网的损耗值。而项目投产前后输电网损耗差值必须是在同等负荷条件下，新电网与原来电网的损耗的差值。为此对原电网损耗进行折算：

$$P_{LBi} = \frac{P_i^2}{C_0^2} P_{LB} \qquad (4-11)$$

式中　P_{LB}——负荷达到原电网最大供电能力 C_0 时的网损，kW。

所以降损效益为：

$$
\begin{aligned}
E_{Li} &= (P_{LAi} - P_{LBi}) \tau_{max} P_G \\
&= \left(\frac{P_i^2}{C_0^2} P_{LB} - P_{LAi} \right) \tau_{max} P_G
\end{aligned}
\qquad (4-12)
$$

（3）当 $P_i \geqslant C_1$ 时，项目投产后的电网供电能力已得到全部利用，从这一年到电网规划期最后一年，项目投产后的新电网承载的负荷为其最大供电能力，其供电网损也为定值。此时项目降损效益为：

$$E_{Li} = \left(\frac{C_1^2}{C_0^2} P_{LB} - P_{LA} \right) \tau_{max} P_G \qquad (4-13)$$

式中　P_{LA}——负荷达到新电网的最大供电能力时的网损，kW。

4.可靠性效益

输电网工程投产后，输电网更加坚强，输电网的可靠性提高，电量不足期望值减小，从而产生可靠性效益。

（1）当 $P_i \leqslant C_0$ 时，项目投产前的原电网能够承受负荷的要求，其可靠性效益 E_{Ri} 为：

$$E_{Ri} = (EENS_{Bi} - EENS_{Ai}) \times IEAR \qquad (4-14)$$

式中　$EENS_{Ai}$——项目投产后电网的电量不足期望值；

　　　$EENS_{Bi}$——项目投产前电网的电量不足期望值；

　　　$IEAR$——单位电量停电损失。

（2）当 $C_0 < P_i \leqslant C_1$ 时，项目投产后的新电网能够承受第 i 年的负荷，原电网却不能承载相应的负荷。而计算项目投产前后电量不足期望值的差值必须是在同等负荷条件下进行。为此对原电网 $EENS$ 进行折算：

$$EENS_{Bi} = \frac{P_i}{C_0} EENS_B \qquad (4-15)$$

式中　$EENS_B$——负荷达到原电网最大供电能力 C_0 时的电量不足期望值。

所以可靠性效益为：

$$E_{Ri} = \left(\frac{P_i}{C_0} EENS_B - EENS_{Ai}\right) \times IEAR \qquad (4-16)$$

（3）当 $P_i \geqslant C_1$ 时，项目投产后的电网供电能力得到全部利用。从这一年到寿命期最后一年，项目投产后的新电网承载的负荷为其最大供电能力，其电量不足期望值也为定值。此时项目可靠性效益为：

$$E_{Ri} = \left(\frac{C_1}{C_0} EENS_B - EENS_A\right) \times IEAR \qquad (4-17)$$

式中　$EENS_A$——项目投产后负荷达到新电网最大供电能力时的 $EENS$。

5.电网适应性指标

电网适应性指标反映规划方案对外部各类因素的适应能力。例如电源规划的变更、负荷预测的不确定性、电网协调性等因素。对适应性指标的分析，可以评估规划方案应对这些不确定因素的能力，找出并改善存在的薄弱环节，确保规划方案有一定的抵御外部干扰的能力。

（1）电源变化适应性。电源变化适应性反映规划输电网对电源规划方案不确定性的适应能力。随着电力体制改革的深入，电源规划方案和电网规划方案已经分别由发电公司和电网公司各自进行，这给输电网规划工作带来了更多的不确定性。在存在电源规划不确定性因素的情况下，输电网规划方案应充分考虑该不确定性，避免因电源规划方案变更造成重大规划失误。

（2）负荷波动适应性。负荷波动适应性指标用以反映规划输电网对负荷预测不确定性的适应能力。由于负荷预测存在一定不确定风险，规划输电网应该在实际负荷相对于预测结果有一定程度偏离的情况下，仍能保持安全稳定运行并有较好的综合效益。

（3）灾害适应性。随着全球气候进入灾害事件多发期，极端天气的频繁发生给输电网的安全运行带来新的挑战。虽然输电网主网架在正常状态下一般都具有很高的运行可靠性和安全稳定性，能够抵御一定的内部和外部扰动。但是，在严重自然灾害发生的情况下，主网架的安全性可能受到威胁，主网架结构和功能的完整性也会受到影响，并容易导致系统崩溃，造成严重事故和巨大的经济损失。灾害适应性主要反映规划输电网抵抗一些可能出现的自然灾害的能力。

输电网适应性指标通常采用定性的评价方法，也可以结合专家经验进行量化打分，进而利用模糊综合评价法或者层次分析法进行分析和评价。

4.3.3　成本指标

根据第 3 章输电网建设项目系统级和设备级 LCC 分解的内容，输电网项目的全寿命周期成本主要分成六个部分，分别为初始投资成本（CI）、运行成本（CO）、检修维护成本（CM）、故障成本（CF）、报废成本（CD）和外部环境成本（C_{exter}）。

1. 初始投资成本（CI）

输电网规划的初始投资成本是指输电网在建设和更换设备时所投入的成本。初始投资成本可以分成两部分，分别为固定投资和技改投资。固定投资是指系统中新增的设备成本，主要为新增变电站和线路的成本；技改投资是设备进行升级更新的成本，但其数值相对较小（在本节将其忽略）。

$$CI_i = CI_{station} Q_i + CI_{line} L_i \qquad (4-18)$$

式中　$CI_{station}$——新增单位变电站容量的投资成本；

　　　CI_{line}——新增长度线路的投资成本；

　　　Q_i——第 i 年新增投运的变电站容量；

L_i——第 i 年新增线路长度。

2. 运行成本（CO）

输电网的运行成本是输电网运行期间所产生的一切费用的总和，主要包括设备能耗费、日常运行维护费用。本节中计算运行成本 CO 时主要考虑系统网损带来的损失。

$$CO_i = S_i \times C_{\text{purchase}} \tag{4-19}$$

式中　S_i——每年的网损量；

　C_{purchase}——电力公司的购电价。

3. 检修维护成本（CM）

输电网的检修维护成本主要包括校正维护成本和预防维护成本。为简化计算，本书中检修维护成本一般是根据项目的初始投资成本与检修维护系数 α 相乘得到。

研究表明，一般设备在投运后老化故障率呈现浴盆曲线的特性，输电网的检修维护成本和故障率成正比，因此取检修维护系数 α 与时间的函数关系为浴盆曲线关系。浴盆曲线示意如图 4-7 所示，横坐标为时间，纵坐标为检修维护系数 α。

该曲线分为 3 个区段：t_1 区间通常称为磨合期，元件老化故障率呈下降趋势，检修维护系数 α 也随之下降；t_2 区间为稳定运行期，老化故障率近似恒定，检修维护系数 α 保持不变；t_3 区间为耗损期，故障率逐渐增大，检修维护系数 α 也随之上升。

在实际应用中，通常将浴盆曲线简化，设磨合期和耗损期的检修维护系数 α 与时间成正比，简化的浴盆曲线示意如图 4-8 所示。

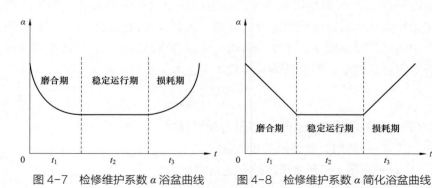

图 4-7　检修维护系数 α 浴盆曲线　　图 4-8　检修维护系数 α 简化浴盆曲线

检修维护成本 CM 的估算模型为：

$$CM_i = CI_i \times \alpha \qquad (4-20)$$

式中　CI_i——输电网初始投资成本现值；

　　　α——检修维护系数。

4. 故障成本（CF）

故障成本指系统多重故障造成用户停电造成的经济损失。停电损失需要从全网停电电量损失的角度考虑，其影响因素包括停电发生时间 t，停电规模 P_{outage}，停电持续时间 D，停电频率 f 以及用户类型 CT，停电损失 CF 应该是上述因素的函数：

$$CF = f(t, P_{outage}, D, f, CT) \qquad (4-21)$$

利用"停电损失评价率估算法"来计算停电故障成本，计算式如下：

$$CF_i = EENS_i \times IEAR \qquad (4-22)$$

式中　$IEAR$——停电损失评价率，也即单位电量停电损失；

　　　$EENS$——电量不足期望值。

5. 报废成本（CD）

报废成本由报废处置管理费用、资产残值回收收入和设备提前退役损失三部分求和得到。在本节中，报废成本取为初始投资成本的 k 倍来计算。

$$CD = CI \times k \qquad (4-23)$$

式中　CI——输电网初始投资成本；

　　　k——报废成本系数。

6. 外部环境成本（C_{exter}）

前文已论述，外部环境成本包括电磁辐射成本、噪声污染成本以及 SF_6 泄漏成本，但由于目前外部环境成本值很难估测，故常将其忽略。

第 5 章　基于 SEC 综合最优的输电网规划评估方法

在采用"两步规划法"的输电网规划中，为了对已经初选生成的规划方案进行评价决策，不仅需要构建相应的指标体系，还需要有基于相应指标体系的规划方案评估比选方法。本章在上一章所建立的电网规划 SEC 综合评价指标体系基础之上，介绍了一种基于 SEC 综合最优的输电网规划方案评估方法。首先详细介绍了决策评估模型及其特点，以及在各种场景下的应用，然后以 220kV 变电站接入方案评估比选、水电站 220kV 送出线路型号评估比选、目标网架方案评估比选、220kV 变电站电气布置方案评估比选四个典型案例为例，介绍该评估方法在具体规划问题中的实际应用。

5.1　基于 SEC 综合最优的决策评估模型

开展资产全寿命周期管理理念在电网规划比选领域的深化应用，可有效弥补传统规划比选的局限和不足，在全寿命周期内综合提高电网规划方案的经济效益，在一定程度上提高了电网规划经济性分析的科学化、精益化水平，但仍存在效能因素考虑不足的问题。无论最小年费用法还是基于全寿命周期成本理念的比选方法，都默认的隐含了一个前提，即参加比选的各个方案达到的效果以及取得的效益相同，因此仅从费用这一单一维度进行比较决策即可。然而对电网规划来说实际情况却不是这样，每个方案的供电能力可能不一定完全相同，可靠性水平及对原有网络的优化、对网络损耗的改善都有可能不完全相同。因此，要科学的评价某一电网规划方案或者对若干规划方案进行比选和排序，除了考虑 LCC 这一单一维度之外，还应该考虑更多的方面。

本小节以全局最优的思想扩展评价维度，不仅考虑电网规划方案的全寿命周期成本维度,还综合考虑安全和效能维度,在前文建立了 S(安全)、E(效能)、C(全寿命周期成本)综合指标体系的基础上,借鉴价值工程中的费用效果比的思想,构建基于 SEC 综合最优的决策模型。

5.1.1　相关电网概念

进行基于 SEC 综合最优的技术经济比选,首先应该确定计算的相关电网区域范围。因为在电网运行时,电网的效能与安全风险控制既互有矛盾又相辅相成,而效能与安全风险是一个相对性的概念,全局性的最优总是伴随着局部的非最优和取舍,所以只有在一定的电网区域范围进行计算,区域性的效能、风险、成本三个维度才能够达到综合最优。

本书将相关电网区域范围确定为:

(1)电气距离较近且电气拓扑联系较为紧密的本级电网;

(2)受本项目影响的下级电网。

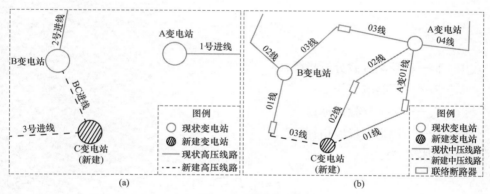

图 5-1　相关电网区域范围
(a) 本级电网;(b) 下级电网

相关电网区域范围如图 5-1 所示。

本级电网层面:如图 5-1(a)所示,C 变电站为新建项目,C 变电站建成后,将通过新建的 BC 连线与 B 变电站连接,因此 B 变电站是与 C 变电站有直接电气拓扑联系的本级电网,说明 B 变电站属于新建项目(C 变电站)的相关电网。

下级电网层面:如图 5-1(b)所示,C 变电站建设前,A 变电站通过其 01 线、02 线供 C 变电站站址附近用户的负荷,当 C 变电站站建成后,其配套送出的 C 变电站 01 线、02 线将切割原 A 变电站站的 01 线、02 线负荷,同时与 A 变电站 01 线、02 线负荷形成联络。因此 C 变电站通过下级电网切割 A 变电站的负荷,说明 A 变电站属于新建项目(C 变电站)的相关电网。

5.1.2　决策模型

费用效能比法是在工程实际中应用非常广泛的科学决策方法。当难以衡量不同投资大小的项目取得的效果或效益时，就可以使用费用效能比法进行分析。SEC 综合指标体系由安全指标（Safety）、效能指标（Efficiency）、LCC 指标（Cost）三部分构成，其实质就是在全寿命周期管理的基础上，对电网规划方案的安全、效能、周期成本进行量化评估，这为在电网规划方案比选中应用费用效果比法提供了可能。本小节在 SEC 综合指标和量化评估模型的基础上，借鉴费用效果比的思想，构建基于 SEC 综合指标的决策模型，其表达式如下：

$$SEC = S \frac{C}{E} \tag{5-1}$$

其中安全指标为：

$$S = \frac{1}{S_1 S_2 S_3 S_4} \tag{5-2}$$

式中　S_1——潮流过载分析指标；

　　　S_2——短路电流指标；

　　　S_3——N-1 校验指标；

　　　S_4——稳定性校验指标。

效能指标为：

$$E = E_P + E_L + E_R \tag{5-3}$$

式中　E_P——增供电量效益；

　　　E_L——降损效益；

　　　E_R——可靠性效益。

全寿命周期成本指标为：

$$LCC = CI + CO + CM + CF + CD \tag{5-4}$$

式中　CI——初投资成本；

　　　CO——运行成本；

　　　CM——检修维护成本；

　　　CF——故障成本；

　　　CD——报废成本。

决策模型中的 SEC 综合指标值所代表的意义是，在满足安全约束前提下规划电网的费用效果比。显然，SEC 综合指标值越小越好。

基于 SEC 综合最优的决策模型计算流程见图 5–2。首先确定方案的项目建设内容和投资等，分析与项目密切相关的周边电网，得到相关电网的电网结构和参数，并预测相关电网供区内近中期和远景负荷；其次，分别计算规划项目的安全要素、效能要素和成本要素；最后，计算规划方案 SEC 值，选取 SEC 值最小的方案为最优方案。

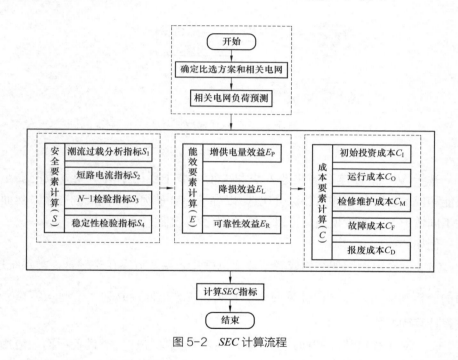

图 5-2　*SEC* 计算流程

5.1.3　决策模型特点及应用分析

由 *SEC* 指标和决策模型的结构可知，若规划方案不满足安全性校验，那么安全指标 $S \to \infty$，同时 SEC 值 $\to \infty$，该方案不可行，舍弃；若规划方案满足安全性校验，则安全指标 $S=1$，之后进一步计算效能和成本指标，并通过决策模型计算出 *SEC* 值。如果得出的 *SEC* 值大于 1，表明规划方案全寿命周期内的成本大于投资获得的效能（效益），方案"亏损"，亦不可行，舍弃；若 *SEC* 值小于 1，表明方案可行，选择 *SEC* 值最小的方案为推荐方案。*SEC* 决策模型应用如图 5–3 所示。

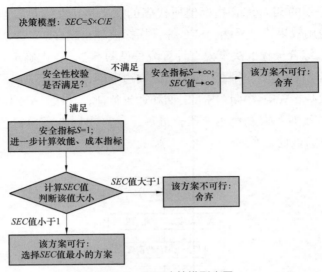

图 5-3　*SEC* 决策模型应用

基于 *SEC* 指标体系的比选方法和决策模型主要用于对不同方案的安全、效能和成本进行量化评估和综合比选，以寻求综合最优的电网规划方案。然而，在不同情形下，决策模型又可以适当的简化和降维。

例如：

（1）针对电网网架结构或者新建变电站接入系统方案比选等这一类系统层面的分析和应用，需详细计算安全、效能和成本指标，并利用模型 $SEC = S\dfrac{C}{E}$ 进行计算和择优；

（2）对于输电线路截面选型、变压器容量选择等这一类设备层面的应用，可不计算安全性指标（或令安全指标 $S=1$），而只需计算效能和成本指标，同时决策模型变为 $SEC = \dfrac{C}{E}$；

（3）对于变电站建设型式（简易站或普通站）选择、变电站电气布置方案（AIS 或 GIS 方案）选择这一类应用，除可不计算安全性指标之外，由于各方案达到的效果或效能基本相同，效能指标亦无须计算，因此决策模型降维后变为 *SEC=LCC*，即只需比较各方案的全寿命周期成本，此时选择全寿命周期成本最小的方案即可。

不同场景下决策模型形式如图 5-4 所示。

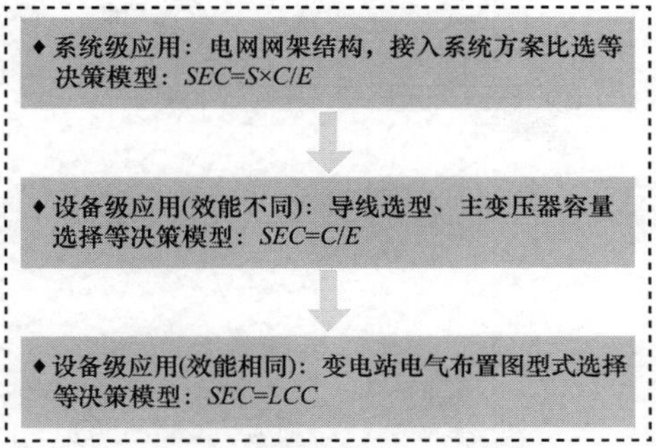

◆ 系统级应用：电网网架结构，接入系统方案比选等
决策模型：$SEC=S×C/E$

◆ 设备级应用（效能不同）：导线选型、主变压器容量
选择等决策模型：$SEC=C/E$

◆ 设备级应用（效能相同）：变电站电气布置图图型式选择
等决策模型：$SEC=LCC$

图 5-4　不同场景下决策模型形式

5.2　典型应用

5.2.1　应用一：变电站接入方案比选

本小节以陶家岭 220kV 输变电工程为例，介绍基于 SEC 综合最优的输电网规划方案评估方法在陶家岭 220kV 变电站接入电网的系统方案评估比选中的应用。

根据武汉电网发展规划，为满足汉阳西部片区负荷发展的需求，提高锅顶山变电站的供电可靠性，优化 220kV 及 110kV 电网结构，为新增 110kV 伏变电站提供接入点，需要建设陶家岭 220kV 输变电工程。220kV 陶家岭变电站站址位于武汉市汉阳经济开发区，龙阳大道北面、三环线东面、汤山村西面。

陶家岭变电站投产前的电网接线图如图 5-5 所示。玉贤、军山和柏泉变电站电压为 500kV，其余变电站电压为 220kV。其中锅顶山变电站容量为 420MVA（$1×240MVA＋1×180MVA$）。玉贤变电站—太山寺变电站的双回线路距离为 23km。

结合站址周边电网实际情况，研究提出陶家岭变若干接入系统方案如下。

方案 1：新建 220kV 陶家岭变电站，其容量为 480MVA（$2×240MVA$）。π 接玉贤—太山寺变电站双回线路中，陶家岭变电站至 π 接点距离为 1.5km。锅顶山和陶家岭变电站之间新建一回线路，距离为 10km，方案 1 电网接线如图 5-6 所示。

方案 2：新建 220kV 陶家岭变电站，其容量为 480MVA（$2×240MVA$）。π 接玉贤—太山寺变电站双回线路中，陶家岭变电站至 π 接点距离为 1.5km。方案 2 电网接线如图 5-7 所示。

方案 3：新建 220kV 陶家岭变电站，其容量为 480MVA（$2×240MVA$）。π 接玉贤—太山寺变电站双回线路中，陶家岭变电站至 π 接点距离为 1.5km。锅顶山和陶家岭变电站之间新建两回线路，距离为 10km，方案 3 电网接线如图 5-8 所示。

5.2.1.1　负荷预测及基本参数

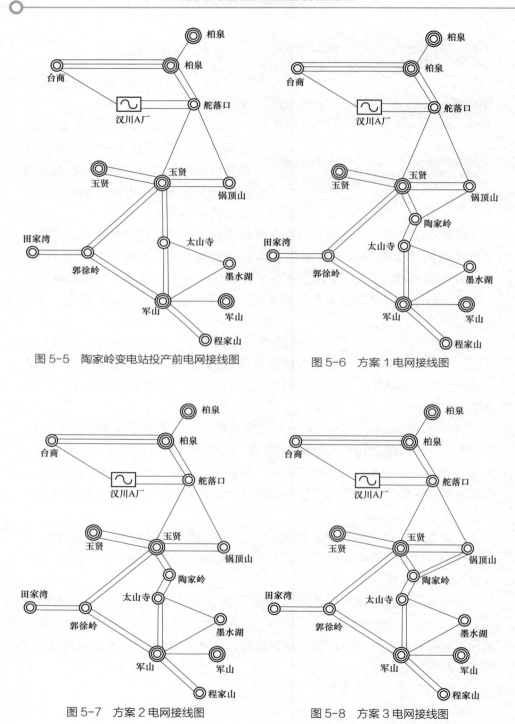

图 5-5 陶家岭变电站投产前电网接线图

图 5-6 方案 1 电网接线图

图 5-7 方案 2 电网接线图

图 5-8 方案 3 电网接线图

予测当年锅顶山和陶家岭变电站总负荷为 343MW, 其后第 1~3 年每年负荷增加 7%, 第 4~8 年每年负荷增加 5%, 第 9~19 年每年负荷增加 3%, 第 20~30 年每年负荷不再变化。负荷预测值如表 5-1 所示。

参数设定：线路建设成本 140 万元 /km, 变电站建设成本 32 万元 /MVA,

表 5-1 　　　　　　　　　　　　负荷预测值（MW）

第 i 年	1	2	3	4	5	6	7	8	9	10
总负荷	343	368	393	413	434	455	478	502	517	533
锅顶山	185	197	208	217	225	234	244	253	261	269
陶家岭	158	171	185	196	208	221	234	248	256	264
第 i 年	11	12	13	14	15	16	17	18	19	20
总负荷	549	565	582	599	617	636	655	675	720	720
锅顶山	274	280	285	291	297	303	309	315	336	336
陶家岭	274	285	297	308	321	333	346	360	384	384
第 i 年	21	22	23	24	25	26	27	28	29	30
总负荷	720	720	720	720	720	720	720	720	720	720
锅顶山	336	336	336	336	336	336	336	336	336	336
陶家岭	384	384	384	384	384	384	384	384	384	384

折现率 7%, 购电价 0.409 元 /kWh, 售电价 0.655 元 /kWh。

其中折现系数和等年值系数分别为：

$$M_x = \frac{1}{(1+\gamma)^i} = \frac{1}{(1.07)^i} \tag{5-5}$$

$$M_d = \frac{\gamma(1+\gamma)^T}{(1+\gamma)^T - 1} = 0.08 \tag{5-6}$$

5.2.1.2　计算安全指标

安全指标包括潮流分析指标、短路电流指标、N-1 校验指标和稳定性指标。按照电网安全稳定等相关规程要求, 这些指标是输电网必须满足的条件。所以, 首先进行潮流计算和短路电流计算, 对各输电网方案进行安全指标评价。

通过采用电力系统分析综合程序（PSASP）软件进行潮流计算和稳定计算, 得到各方案的安全指标都合格, 即全取为 1。

5.2.1.3　计算寿命周期成本指标

1. 投资成本 CI

投资成本与各方案的设备投资规模有关，所以根据各方案建设情况确定投资规模，各方案建设规模如表 5-2 所示。

计算投资成本 CI 等年值：

表 5-2　　　　　　　　　各方案建设规模

方案	线路长度（km）	变电站容量（MVA）
1	16	480
2	6	480
3	26	480

方案 1：

$CI=$（$16×140+480×32$）$×0.08=1408$ 万元

方案 2：

$CI=$（$6×140+480×32$）$×0.08=1296$ 万元

方案 3：

$CI=$（$16×140+480×32$）$×0.08=1520$ 万元

2. 运行成本 CO

（1）运行成本 CO 主要指系统损耗给电力公司带来的成本。根据负荷预测表，通过 PSASP 计算求得各方案在第 i 年产生的网损。各方案第 i 年网损值如表 5-3 所示。

表 5-3　　　　　　　各方案第 i 年网损值 L_i（MW）

第 i 年	1	2	3	4	5	6	7	8	9	10
方案 1	3.63	3.67	3.72	3.77	3.83	3.88	3.93	3.99	4.05	4.12
方案 2	3.68	3.73	3.77	3.83	3.88	3.93	3.99	4.04	4.11	4.18
方案 3	3.53	3.57	3.62	3.67	3.73	3.78	3.8	3.89	3.95	4.02
第 i 年	11	12	13	14	15	16	17	18	19	20
方案 1	4.17	4.21	4.27	4.33	4.39	4.44	4.51	4.57	4.92	4.92
方案 2	4.23	4.27	4.33	4.38	4.44	4.50	4.57	4.63	4.98	4.98
方案 3	4.07	4.11	4.17	4.23	4.29	4.34	4.41	4.47	4.82	4.82
第 i 年	21	22	23	24	25	26	27	28	29	30
方案 1	4.92	4.92	4.92	4.92	4.92	4.92	4.92	4.92	4.92	4.92
方案 2	4.98	4.98	4.98	4.98	4.98	4.98	4.98	4.98	4.98	4.98
方案 3	4.82	4.82	4.82	4.82	4.82	4.82	4.82	4.82	4.82	4.82

（2）根据公式 $CO_{xi} = \dfrac{L_i \times \tau_{max} \times P_G}{(1+\gamma)^i}$ 求得第 i 年的运行成本现值 CO_{xi}。

式中　L_i——第 i 年的网损；kW；

　　　τ_{max}——最大损耗时间，h；

　　　P_G——购电价，元 /kWh。

各方案第 i 年现值 CO_{xi} 如表 5-4 所示。

表 5-4　　　　　　　　　各方案第 i 年现值 CO_{xi}（万元）

第 i 年	1	2	3	4	5	6
方案 1	444.5	420.2	397.5	376.7	357.7	338.6
方案 2	451.2	426.4	403.2	382.6	362.9	343.5
方案 3	432.3	408.8	386.9	366.7	348.3	329.9
第 i 年	7	8	9	10	11	12
方案 1	320.3	304	288.7	274.3	259.4	245.1
方案 2	325.2	308.2	292.7	278.3	263.1	248.7
方案 3	312.2	296.4	281.6	267.7	253.1	239.3
第 i 年	13	14	15	16	17	18
方案 1	232.1	219.8	208.2	197.2	187.2	177.3
方案 2	235.3	222.5	210.8	199.5	189.4	179.5
方案 3	226.7	214.8	203.5	192.8	183.1	173.4
第 i 年	19	20	21	22	23	24
方案 1	168.4	160.1	152.5	145.6	136.1	127.2
方案 2	170.6	162	154.1	147.2	137.6	128.6
方案 3	164.8	156.8	149.3	142.7	133.3	124.6
第 i 年	25	26	27	28	29	30
方案 1	118.9	111.1	103.8	97	90.7	84.7
方案 2	120.2	112.3	105	98.1	91.7	85.7
方案 3	116.4	108.8	101.7	95.1	88.8	83

（3）根据公式 $CO = \dfrac{\gamma(1+\gamma)^T}{(1+\gamma)^T - 1} \times \sum\limits_{i=1}^{30} CO_{xi}$ 求运行成本等年值 CO：

方案 1：$CO = 0.08 \times 6745.2 = 539.6$（万元）

方案 2：$CO=0.08 \times 6836.1=546.9$（万元）

方案 3：$CO=0.08 \times 6582.8=526.6$（万元）

3. 检修维护成本 CM

检修维护成本根据项目的初始投资成本与检修维护系数 α 相乘得到。检修维护系数 α 与时间的函数关系为浴盆曲线关系，如图 5-9 所示。第 i 年检修维护系数 α_i 取值如表 5-5 所示。

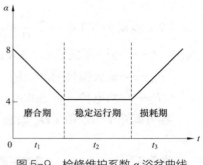

图 5-9　检修维护系数 α 浴盆曲线

表 5-5　　　　　　　　　　第 i 年检修维护系数 α_i（%）

第 i 年	1	2	3	4	5	6	7	8	9	10
α_i	8	7	6	5	4	4	4	4	4	4
第 i 年	11	12	13	14	15	16	17	18	19	20
α_i	4	4	4	4	4	4	4	4	4	4
第 i 年	21	22	23	24	25	26	27	28	29	30
α_i	4	4	4	4	4	4	5	6	7	8

求得各方案的第 i 年的维护成本 CM_i 如表 5-6 所示：

表 5-6　　　　　　　　　　各方案的第 i 年的 CM_i（万元）

第 i 年	1	2	3	4	5	6
方案 1	1408	1232	1056	880	704	704
方案 2	1296	1134	972	810	648	648
方案 3	1520	1330	1140	950	760	760
第 i 年	7	8	9	10	11	12
方案 1	704	704	704	704	704	704
方案 2	648	648	648	648	648	648
方案 3	760	760	760	760	760	760
第 i 年	13	14	15	16	17	18
方案 1	704	704	704	704	704	704
方案 2	648	648	648	648	648	648
方案 3	760	760	760	760	760	760

第 i 年	19	20	21	22	23	24
方案 1	704	704	704	704	704	704
方案 2	648	648	648	648	648	648
方案 3	760	760	760	760	760	760
第 i 年	25	26	27	28	29	30
方案 1	704	704	880	1056	1232	1408
方案 2	648	648	810	972	1134	1296
方案 3	760	760	950	1140	1330	1520

由折现公式 $CM_{xi} = \dfrac{CM_i}{(1+\gamma)^i}$ 求得各方案维护成本现值 CM_{xi} 如表 5-7 所示：

表 5-7　　　　　　　　各方案 CM_{xi}（万元）

第 i 年	1	2	3	4	5	6
方案 1	1315.9	1076.1	862.1	671.3	501.9	469.1
方案 2	1211.2	990.4	793.4	617.9	462.0	431.7
方案 3	1420.5	1161.6	930.5	724.7	541.8	506.4
第 i 年	7	8	9	10	11	12
方案 1	438.4	409.7	382.9	357.8	334.4	312.5
方案 2	403.5	377.1	352.4	329.4	307.8	287.7
方案 3	473.2	442.3	413.3	386.3	361.0	337.4
第 i 年	13	14	15	16	17	18
方案 1	292.1	273.0	255.1	238.4	222.8	208.2
方案 2	268.8	251.3	234.8	219.5	205.1	191.7
方案 3	315.3	294.7	275.4	257.4	240.5	224.8
第 i 年	19	20	21	22	23	24
方案 1	194.6	181.9	170.0	158.9	148.5	138.7
方案 2	179.1	167.4	156.5	146.2	136.6	127.7
方案 3	210.1	196.3	183.5	171.5	160.3	149.8
第 i 年	25	26	27	28	29	30
方案 1	129.7	121.2	141.6	158.8	173.2	185.0
方案 2	119.3	111.6	130.4	146.2	159.4	170.3
方案 3	140.0	130.9	152.9	171.5	187.0	199.7

求出维护检修成本的等年值 CM：

方案 1：$CM = 0.08 \times \sum_{i=1}^{30} CM_{xi} = 0.08 \times 10524.66 = 841.97$ 万元

方案 2：$CM = 0.08 \times \sum_{i=1}^{30} CM_{xi} = 0.08 \times 9687.47 = 774.99$ 万元

方案 3：$CM = 0.08 \times \sum_{i=1}^{30} CM_{xi} = 0.08 \times 11361.84 = 908.95$ 万元

4. 故障成本 CF

计算故障成本关键在于求出各个方案的电量不足期望值 $EENS$。利用状态枚举法进行 $N-2$ 检验，发现连接玉贤到锅顶山的同塔双回线故障开断时，舵落口到锅顶山线路及舵落口到玉贤线路有可能会发生潮流越限。正常方式下舵落口到锅顶山线路潮流结果如表 5-8 所示。舵落口到玉贤线路潮流结果如表 5-9 所示。

表 5-8　　　　　　　　舵落口到锅顶山线路潮流结果（MVA）

第 i 年	1	2	3	4	5	6
方案 1	1.285	6.703	14.507	20.79	26.888	33.636
方案 2	185	197	208	217	225	234
方案 3	18.179	10.219	2.356	3.956	10.169	17.027
第 i 年	7	8	9	10	11	12
方案 1	40.817	47.829	53.032	58.238	62.657	67.73
方案 2	244	253	261	269	274	280
方案 3	24.258	31.404	36.563	41.725	46.318	51.559
第 i 年	13	14	15	16	17	18
方案 1	72.622	77.702	83.254	88.577	94.139	99.942
方案 2	285	291	297	303	309	315
方案 3	56.705	61.953	67.754	73.285	79.095	85.187
第 i 年	19	20	21	22	23	24
方案 1	114.394	114.394	114.394	114.394	114.394	114.394
方案 2	336	336	336	336	336	336
方案 3	99.643	99.643	99.643	99.643	99.643	99.643
第 i 年	25	26	27	28	29	30
方案 1	114.394	114.394	114.394	114.394	114.394	114.394
方案 2	336	336	336	336	336	336
方案 3	99.643	99.643	99.643	99.643	99.643	99.643

表 5-9　　　　　　　　　　舵落口到玉贤线路潮流结果（MVA）

第 i 年	1	2	3	4	5	6
方案 1	176.781	177.981	179.059	179.947	180.713	181.581
方案 2	305.685	309.623	312.887	315.634	317.702	320.111
方案 3	163.632	164.555	165.413	166.114	166.748	167.461
第 i 年	7	8	9	10	11	12
方案 1	182.556	183.397	184.201	185.005	185.447	185.99
方案 2	323.03	325.266	328.006	330.748	331.609	332.81
方案 3	168.249	168.971	169.585	170.197	170.599	171.08
第 i 年	13	14	15	16	17	18
方案 1	186.408	186.952	187.473	188.006	188.527	189.038
方案 2	333.321	334.514	335.358	336.368	337.199	337.847
方案 3	171.492	171.974	172.465	172.953	173.447	173.946
第 i 年	19	20	21	22	23	24
方案 1	191.132	191.132	191.132	191.132	191.132	191.132
方案 2	344.476	344.476	344.476	344.476	344.476	344.476
方案 3	175.589	175.589	175.589	175.589	175.589	175.589
第 i 年	25	26	27	28	29	30
方案 1	191.132	191.132	191.132	191.132	191.132	191.132
方案 2	344.476	344.476	344.476	344.476	344.476	344.476
方案 3	175.589	175.589	175.589	175.589	175.589	175.589

由于玉贤—舵落口和锅顶山—舵落口线路截面积为单 400mm^2，其极限输送容量按 280MVA 考虑。经计算，玉贤—锅顶山同塔双回线路故障开断后，各方案需削减负荷数据如表 5-10 所示。

表 5-10　　　　　　　各方案每年削减负荷数据（MVA）

第 i 年	1	2	3	4	5	6
方案 1	0	0	0	0	0	0
方案 2	25.685	29.623	32.887	35.634	37.702	40.111
方案 3	0	0	0	0	0	0
第 i 年	7	8	9	10	11	12
方案 1	0	0	0	0	0	0
方案 2	43.03	45.266	48.006	50.748	51.609	52.81
方案 3	0	0	0	0	0	0

第 i 年	13	14	15	16	17	18
方案 1	0	0	0	0	0	0
方案 2	58.652	65.552	72.216	79.164	86.051	92.876
方案 3	0	0	0	0	0	0
第 i 年	19	20	21	22	23	24
方案 1	0	0	0	0	0	0
方案 2	120.476	120.476	120.476	120.476	120.476	120.476
方案 3	0	0	0	0	0	0
第 i 年	25	26	27	28	29	30
方案 1	0	0	0	0	0	0
方案 2	120.476	120.476	120.476	120.476	120.476	120.476
方案 3	0	0	0	0	0	0

根据电力可靠性管理中心编写的《全国 220kV 及以上电压等级输变电设备可靠性分析报告》中的数据，220kV 电压等级的同塔双回线路故障率为 1.224 次 / 百公里，平均故障修复时间为 5.6h。玉贤到锅顶山同塔双回线路长度为 23.805km。N–2 故障持续时间 T_{N-2} 为线路故障率、线路长度和线路平均修复时间三者的乘积。

由上述数据可得 N–2 故障持续时间 T_{N-2} 为 1.632h。各方案的削负荷数据如表 5–10 所示。根据公式 $EENS = \sum T_{N-2} \times PL$ 可以求得各方案的 $EENS$ 当年值如表 5–11 所示。

表 5–11　　　　　　　　　　各方案 $EENS$ 当年值（kWh）

第 i 年	1	2	3	4	5	6
方案 1	0	0	0	0	0	0
方案 2	41909.96	48335.55	53661.39	58143.64	61517.97	65448.71
方案 3	0	0	0	0	0	0
第 i 年	7	8	9	10	11	12
方案 1	0	0	0	0	0	0
方案 2	70211.62	73860.08	78330.91	82805	84209.89	86169.54
方案 3	0	0	0	0	0	0
第 i 年	13	14	15	16	17	18
方案 1	0	0	0	0	0	0
方案 2	95701.99	106960	117834.8	129170.5	140407.8	151544.1
方案 3	0	0	0	0	0	0

续表

第 i 年	19	20	21	22	23	24
方案 1	0	0	0	0	0	0
方案 2	196579.5	196579.5	196579.5	196579.5	196579.5	196579.5
方案 3	0	0	0	0	0	0
第 i 年	25	26	27	28	29	30
方案 1	0	0	0	0	0	0
方案 2	196579.5	196579.5	196579.5	196579.5	196579.5	196579.5
方案 3	0	0	0	0	0	0

根据公式 $CF_{xi} = \dfrac{EENS \times IEAR}{(1+\gamma)^i}$ 求得第 i 年的故障成本现值 CF_{xi}。其中 $IEAR$ 为单位电量停电损失，其值取为电网公司售电价的 25 倍。CF 现值如表 5-12 所示。

表 5-12　　　　　　　　　　CF 现值（万元）

第 i 年	1	2	3	4	5	6
方案 1	0	0	0	0	0	0
方案 2	64.14	69.13	71.73	72.64	71.82	71.41
方案 3	0	0	0	0	0	0
第 i 年	7	8	9	10	11	12
方案 1	0	0	0	0	0	0
方案 2	71.60	70.39	69.77	68.93	65.51	62.65
方案 3	0	0	0	0	0	0
第 i 年	13	14	15	16	17	18
方案 1	0	0	0	0	0	0
方案 2	65.03	67.93	69.94	71.65	72.79	73.42
方案 3	0	0	0	0	0	0
第 i 年	19	20	21	22	23	24
方案 1	0	0	0	0	0	0
方案 2	89.01	83.18	77.74	72.66	67.90	63.46
方案 3	0	0	0	0	0	0
第 i 年	25	26	27	28	29	30
方案 1	0	0	0	0	0	0
方案 2	59.31	55.43	51.80	48.41	45.25	42.29
方案 3	0	0	0	0	0	0

根据公式 $CF = \dfrac{\gamma(1+\gamma)^{\mathrm{T}}}{(1+\gamma)^{\mathrm{T}}-1} \times \sum\limits_{i=1}^{30} CF_{xi}$ 求得故障成本 CF 等年值：

方案 1：$CF=0.08 \times 0=0$ 万元

方案 2：$CF=0.08 \times 2007.5=160.6$ 万元

方案 3：$CF=0.08 \times 0=0$ 万元

5. 报废成本 CD

报废成本包括报废处置管理费用和报废资产残值回收收入，上述两者的成本通常根据经验，分别取为初始投资成本的 0.04 和 0.05。所以各方案的报废处置成本分别为：

方案 1：$CD = 0.08 \times \dfrac{(0.04-0.05) \times CI_x}{(1+\gamma)^{30}} = -1.84$ 万元

方案 2：$CD = 0.08 \times \dfrac{(0.04-0.05) \times CI_x}{(1+\gamma)^{30}} = -1.7$ 万元

方案 3：$CD = 0.08 \times \dfrac{(0.04-0.05) \times CI_x}{(1+\gamma)^{30}} = -2.0$ 万元

综上所述，各方案的 LCC 值如表 5-13 所示：

表 5-13   **各方案的 LCC（万元）**

方案	1	2	3
LCC	2787.7	2776.7	2953.6

5.2.1.4 计算效能指标

1. 增供电量效益

通常情况下，电网中输电容量极限大于变电容量极限，因此电网的供电能力往往主要由变电站容量决定。本书中对相关电网的供电能力计算采用简化处理的方法，选取最高电压等级变电容量之和的 80% 作为相关电网的最大供电能力。

由于各方案的新建变电站容量和负荷都一样，所以各方案的增供负荷也相同。先计算各方案第 i 年增供负荷 P_i 如表 5-14 所示。

取最大负荷利用小时数 $T_{\max}=4300\mathrm{h}$，根据公式（4-7）求得各方案第 i 年的增供电量效益实际值 $E_{\mathrm{P}i}$ 如表 5-15 所示。

表 5-14　　　　　　　　各方案第 i 年增供负荷 P_i（MW）

第 i 年	1	2	3	4	5	6
负荷	343	368	393	413	434	455
增供负荷	7	32	57	77	98	119
第 i 年	7	8	9	10	11	12
负荷	478	502	517	533	549	565
增供负荷	142	166	181	197	213	229
第 i 年	13	14	15	16	17	18
负荷	582	599	617	636	655	675
增供负荷	246	263	281	300	319	339
第 i 年	19	20	21	22	23	24
负荷	720	720	720	720	720	720
增供负荷	384	384	384	384	384	384
第 i 年	25	26	27	28	29	30
负荷	720	720	720	720	720	720
增供负荷	384	384	384	384	384	384

表 5-15　　　　　各方案第 i 年的增供电量效益实际值 E_{Pi}（万元）

第 i 年	1	2	3	4	5	6
增供电量效益	790	3333	6055	8135	10318	12611
第 i 年	7	8	9	10	11	12
增供电量效益	15019	17547	19153	20793	22483	24224
第 i 年	13	14	15	16	17	18
增供电量效益	26017	27864	29766	31725	33743	35822
第 i 年	19	20	21	22	23	24
增供电量效益	40620	40620	40620	40620	40620	40620
第 i 年	25	26	27	28	29	30
增供电量效益	40620	40620	40620	40620	40620	40620

求得各方案第 i 年的增供电量效益现值如表 5-16 所示。

表 5-16 各方案第 i 年的增供电量效益现值（万元）

第 i 年	1	2	3	4	5	6
增供电量效益	738	2912	4942	6206	7357	8404
第 i 年	7	8	9	10	11	12
增供电量效益	9353	10213	10418	10570	10682	10756
第 i 年	13	14	15	16	17	18
增供电量效益	10796	10806	10789	10746	10682	10598
第 i 年	19	20	21	22	23	24
增供电量效益	11232	10497	9810	9168	8569	8008
第 i 年	25	26	27	28	29	30
增供电量效益	7484	6994	6537	6109	5710	5336

求出增供电量效益等年值 E_P：

方案 1：$E_P = 0.08 \times \sum\limits_{i=1}^{30} E_{Pi} = 20194$ 万元

方案 2：$E_P = 0.08 \times \sum\limits_{i=1}^{30} E_{Pi} = 20194$ 万元

方案 3：$E_P = 0.08 \times \sum\limits_{i=1}^{30} E_{Pi} = 20194$ 万元

2. 降损效益

降损效益的求取关键在于电网方案实施前后电网损耗的差值，表 5-3 已求出电网方案实施后的各方案电网损耗值。通过 PSASP 求出电网方案实施前原电网的电网损耗值 L_{Bi} 如表 5-17 所示。

表 5-17 实施前原电网的电网损耗值 L_{Bi}（MW）

第 i 年	1	2	3	4	5	6
L_{Bi}	4.457	4.569	4.865	5.570	6.378	7.031
第 i 年	7	8	9	10	11	12
L_{Bi}	7.752	8.546	9.422	10.388	11.026	11.697
第 i 年	13	14	15	16	17	18
L_{Bi}	12.409	13.165	13.967	14.818	15.720	16.678
第 i 年	19	20	21	22	23	24
L_{Bi}	21.380	21.380	21.380	21.380	21.380	21.380
第 i 年	25	26	27	28	29	30
L_{Bi}	21.380	21.380	21.380	21.380	21.380	21.380

求得电网方案实施后电网损耗降低值如表 5-18 所示。

表 5-18　　　　　　　　电网损耗降低值（MW）

第 i 年	1	2	3	4	5	6
方案 1	0.823	0.893	1.144	1.797	2.544	3.148
方案 2	0.768	0.839	1.091	1.738	2.488	3.092
方案 3	0.923	0.993	1.244	1.897	2.644	3.248
第 i 年	7	8	9	10	11	12
方案 1	3.822	4.555	5.367	6.265	6.855	7.479
方案 2	3.762	4.500	5.310	6.205	6.795	7.418
方案 3	3.922	4.655	5.467	6.365	6.955	7.579
第 i 年	13	14	15	16	17	18
方案 1	8.136	8.835	9.577	10.369	11.202	12.099
方案 2	8.078	8.782	9.523	10.318	11.149	12.043
方案 3	8.236	8.935	9.677	10.469	11.302	12.199
第 i 年	19	20	21	22	23	24
方案 1	16.451	16.451	16.451	16.451	16.451	16.451
方案 2	16.396	16.396	16.396	16.396	16.396	16.396
方案 3	16.551	16.551	16.551	16.551	16.551	16.551
第 i 年	25	26	27	28	29	30
方案 1	16.451	16.451	16.451	16.451	16.451	16.451
方案 2	16.396	16.396	16.396	16.396	16.396	16.396
方案 3	16.551	16.551	16.551	16.551	16.551	16.551

所以得到各方案第 i 年的降损效益现值 E_{Li} 如表 5-19 所示。

表 5-19　　　　　　各方案第 i 年的降损效益现值 E_{Li}（kWh）

第 i 年	1	2	3	4	5	6
方案 1	100.668	102.084	122.257	179.458	237.437	274.552
方案 2	93.940	95.911	116.594	173.567	232.211	269.668
方案 3	112.899	113.515	132.940	189.442	246.769	283.273
第 i 年	7	8	9	10	11	12
方案 1	311.500	347.000	382.105	416.841	426.242	434.647
方案 2	306.610	342.810	378.048	412.849	422.511	431.102
方案 3	319.651	354.617	389.224	423.494	432.460	440.458

续表

第 i 年	13	14	15	16	17	18
方案 1	441.860	448.421	454.320	459.693	464.151	468.496
方案 2	438.710	445.731	451.759	457.432	461.955	466.327
方案 3	447.291	453.497	459.064	464.127	468.294	472.368
第 i 年	19	20	21	22	23	24
方案 1	471.889	474.722	523.310	485.973	454.180	424.467
方案 2	469.754	472.862	521.729	484.348	452.661	423.048
方案 3	475.508	478.105	526.470	488.927	456.941	427.047
第 i 年	25	26	27	28	29	30
方案 1	396.698	370.746	346.492	323.824	302.639	282.840
方案 2	395.372	369.507	345.333	322.741	301.627	281.895
方案 3	399.110	373.000	348.598	325.792	304.479	284.560

求出降损效益等年值 E_L：

方案 1：$E_L = 0.08 \times \sum_{i=1}^{30} E_{Li} = 874.361$ 万元

方案 2：$E_L = 0.08 \times \sum_{i=1}^{30} E_{Li} = 867.089$ 万元

方案 3：$E_L = 0.08 \times \sum_{i=1}^{30} E_{Li} = 887.354$ 万元

3. 可靠性效益

计算可靠性效益的关键在于求出电网方案实施前后电网 *EENS* 的差值，表5–11 已给出电网方案实施后的 *EENS* 数据。现在通过潮流计算，求出电网方案实施前的电网 *EENS*。

方案实施后的电网能够承受较大负荷，原电网只能承受 336MW 的负荷。而计算项目前后电量不足期望值的差必须是在输送同等负荷条件下，新电网与原电网的 *EENS* 的差值，为此需对原电网 *EENS* 进行折算。根据式（4–15）进行 *EENS* 折算，求得原电网在承受最大负荷时的 *EENS*。

原方案达到所能承受的负荷极限时，舵落口到锅顶山线路上的潮流为 336MW，舵落口到玉贤线路上的潮流为 411MW。因为线路容量限制为280MW，所以玉贤—锅顶山双回线路故障时，锅顶山需要削减 56MW 的负荷，舵落口需要削减 205MW 的负荷。计算故障成本 CF 时求得玉贤到锅顶山的同塔双回线的 $N\text{-}2$ 故障时间为 1.632h。根据公式 $EENS=\sum T_{N-2}\times PL$ 可求得当原方案达到所能承受的负荷极限时，原电网的 $EENS$ 为 425871kWh。

根据式（4–15）和表 5–1 的负荷预测值可求得原电网的 $EENS$ 值如表 5–20 所示。

表 5–20　　　　　　　　　　原电网的 $EENS_{Bi}$（kWh）

第 i 年	1	2	3	4	5	6
$EENS_B$	435339	465813	498420	523341	549508	576983
第 i 年	7	8	9	10	11	12
$EENS_B$	605832	636124	655360	675021	695271	716129
第 i 年	13	14	15	16	17	18
$EENS_B$	782534	806010	830190	855096	912581	912581
第 i 年	19	20	21	22	23	24
$EENS_B$	912581	912581	912581	912581	912581	912581
第 i 年	25	26	27	28	29	30
$EENS_B$	912581	912581	912581	912581	912581	912581

求得电网方案实施后 $EENS$ 降低值如表 5–21 所示。

表 5–21　　　　　　　　　　$EENS$ 降低值（kWh）

第 i 年	1	2	3	4	5	6
方案 1	435339	465813	498420	523341	549508	576983
方案 2	393429	417477	444758	465197	487990	511534
方案 3	435339	465813	498420	523341	549508	576983
第 i 年	7	8	9	10	11	12
方案 1	605832	636124	655360	675021	695271	716129
方案 2	535621	562264	577029	592216	611061	629960
方案 3	605832	636124	655360	675021	695271	716129
第 i 年	13	14	15	16	17	18
方案 1	782534	806010	830190	855096	912581	912581
方案 2	686832	699050	712355	725925	772173	761037
方案 3	782534	806010	830190	855096	912581	912581

续表

第 i 年	19	20	21	22	23	24
方案 1	912581	912581	912581	912581	912581	912581
方案 2	716001	716001	716001	716001	716001	716001
方案 3	912581	912581	912581	912581	912581	912581
第 i 年	25	26	27	28	29	30
方案 1	912581	912581	912581	912581	912581	912581
方案 2	716001	716001	716001	716001	716001	716001
方案 3	912581	912581	912581	912581	912581	912581

根据式（4-16）求得各方案第 i 年的可靠性效益现值如表 5-22 所示。

表 5-22 　　　　各方案第 i 年的可靠性效益现值 E_{Ri}（kWh）

第 i 年	1	2	3	4	5	6
方案 1	666.23	666.23	666.23	653.78	641.56	629.57
方案 2	602.09	597.10	594.50	581.14	569.74	558.15
方案 3	666.23	666.23	666.23	653.78	641.56	629.57
第 i 年	7	8	9	10	11	12
方案 1	617.80	606.25	583.72	561.90	540.90	520.68
方案 2	546.20	535.86	513.95	492.97	475.38	458.02
方案 3	617.80	606.25	583.72	561.90	540.90	520.68
第 i 年	13	14	15	16	17	18
方案 1	531.74	511.86	492.72	474.30	473.07	442.12
方案 2	466.71	443.93	422.79	402.65	400.29	368.70
方案 3	531.74	511.86	492.72	474.30	473.07	442.12
第 i 年	19	20	21	22	23	24
方案 1	413.20	386.17	360.91	337.29	315.23	294.61
方案 2	324.19	302.98	283.16	264.64	247.33	231.15
方案 3	413.20	386.17	360.91	337.29	315.23	294.61
第 i 年	25	26	27	28	29	30
方案 1	275.33	257.32	240.49	224.75	210.05	196.31
方案 2	216.02	201.89	188.68	176.34	164.80	154.02
方案 3	275.33	257.32	240.49	224.75	210.05	196.31

求出可靠性效益等年值 E_R：

方案 1：$E_R = 0.08 \times \sum_{i=1}^{30} E_{Ri} = 1103.39$ 万元

方案 2：$E_R = 0.08 \times \sum_{i=1}^{30} E_{Ri} = 942.83$ 万元

方案 3：$E_R = 0.08 \times \sum_{i=1}^{30} E_{Ri} = 1103.39$ 万元

综合上述，各方案的效益值如表 5-23 所示。

表 5-23　　　　　　　　　　各方案的效益

方案	1	2	3
效益	22171.5	22003.7	22184.5

综合以上，汇总得到各方案的 *SEC* 指标值如表 5-24 所示。

表 5-24　　　　　　　　　　各方案 *SEC* 指标值

方案	S	E	C
1	1	22171.5	2787.7
2	1	22003.7	2776.7
3	1	22184.5	2953.6

5.2.1.5　基于 *SEC* 综合指标体系的方案比选

计算各方案的 *LCC* 值和效益值时都要进行等年值处理，各方案的 *LCC* 如表 5-25 所示。

表 5-25　　　　　　　　　　各方案的 *LCC*（万元）

方案	1	2	3
LCC	2787.7	2776.7	2953.6

各方案的效益值如表 5-26 所示。

表 5-26   各方案的效益

方案	1	2	3
效益	22171.5	22003.7	22184.5

将以上结果代入公式 $SEC = \dfrac{SC}{E}$，计算得到各方案 SEC 综合指标值如表 5-27 所示。

表 5-27   各方案 SEC 综合指标值

方案	1	2	3
SEC	0.1257	0.1262	0.1331

根据计算结果，方案 1 的 SEC 值最小，选择方案 1 为最优推荐方案。

5.2.1.6 成效分析

根据传统的经济技术比选方法，在满足负荷增长需求及相关安全技术标准的前提下，选择初始投资较少的方案作为推荐方案。在该原则下，三种方案变电容量相同，线路规模不同。方案 2 线路长度为 10km，在三种方案中线路规模最小，初投资（年值）最小，因此会选择方案 2 作为推荐方案。

采用改进后的 SEC 规划方案比选方法后，根据 SEC 综合评价模型计算结果可知：①在安全方面，三种方案潮流分析、短路电流、N–1 安全校核均通过，满足电网安全技术标准。②在成本方面，方案 2 虽然初投资最小，但由于没有建设陶家岭至锅顶山的线路，当玉贤到锅顶山的同塔双回线开断时，舵落口到锅顶山线路及其舵落口到玉贤线路会发生潮流越限，需削减负荷，导致故障成本较方案 1、方案 3 增加。方案 1、方案 3 分别新建陶家岭至锅顶山一、二回线路，在 N–2 下不损失负荷，因此无故障成本。但方案 3 新建陶家岭至锅顶山两回线路，较方案 1 初投资增加。综合考虑运行、检修维护、故障、退役处置成本后，方案 2 的全寿命周期成本（LCC）最小，方案 1 相对方案 2 略大，方案 3 最大。③在效益方面，寿命周期内，三种方案供电能力均能满足负荷增长需求，因此增供电量效益相同。方案 1、方案 3 电网结构较方案 2 得到加强，可靠性效益和降损效益分别得到提高。综合考虑增供电量效益、降损效益、可靠性效益，方案 3 效益最大，方案 1 效益略低于方案 3。④安全、效能、成本综合评价，综合上述分析，方案 2 虽然初投资最省，但由于网架不够坚强，可靠性相对较差。方案 1 和方案 3 加大初投资，加强电网结构，可靠性提升，网损减少，但方案 3 在方案 1 的基础上采用同塔双回建设，投资加大的同时效能提升并不明显。根据计算结果，方案 1 SEC 综合值最小，表明方案 1 在满足安全运行前提下单位投资效益比最优。

5.2.2　应用二：送电线路截面型号比选

本小节以汉江夹河关水电站 220kV 送出工程为例，介绍基于 SEC 综合最优的输电网规划方案评估方法在送电线路型号（截面）评估比选中的应用。

汉江夹河关水电站工程位于汉江上游干流湖北省十堰市郧西县境内，夹河关水电站设计装机规模为 4×4.5 万 kW，是汉江上游梯级开发中的第七个梯级，为中型日调节水电站。

夹河关水电站计划 2018 年底 4 台机组全部投产。夹河关会电站建成后能提高流域整体开发效益，促进地区经济的持续发展以及带动十堰电力系统发展和电源结构优化的需要，具有较好的经济效益和社会效益。

夹河关水电站 220kV 送出工程建设方案为：由夹河关水电新建一回 220kV 架空线路至规划的 220kV 郧西变电站，线路长度为 53.2km，夹河关水电站接入系统方案如图 5-10 所示。下面对送出线路的型号进行选择。

方案 1：导线截面选择 LGJ-400。

方案 2：导线截面选择 LGJ-300。

本工程仅对电站外送线路型号进行比选，两种方案的安全性相同，因此，通过决策模型 $SEC = \dfrac{C}{E}$ 进行比选即可。

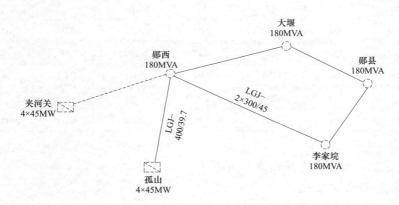

图 5-10　夹河关水电站接入系统方案图

5.2.2.1 基本参数

在计算 SEC 指标时相关参数选取如表 5-28 所示，检修维护系数取值如表 5-29 所示。

表 5-28　　　　　　　　　相关参数选取

参数	取值
折现率	8%
工程规划经济寿命	30 年
最大损耗时间	3200
平均上网电价	0.447
检修维护系数	见表 5-29
报废资产管理费用占比例系数	0.04
残值率	0.05
LGJ-400 导线单千米造价	100
LGJ-300 导线单千米造价	90

表 5-29　　　　　　　　　检修维护系数取值表

第 i 年	1	2	3	4	5	6
系数	0.08	0.07	0.06	0.05	0.04	0.04
第 i 年	7	8	9	10	11	12
系数	0.04	0.04	0.04	0.04	0.04	0.04
第 i 年	13	14	15	16	17	18
系数	0.04	0.04	0.04	0.04	0.04	0.04
第 i 年	19	20	21	22	23	24
系数	0.04	0.04	0.04	0.04	0.04	0.04
第 i 年	25	26	27	28	29	30
系数	0.04	0.04	0.05	0.06	0.07	0.08

5.2.2.2 计算寿命周期成本指标

1. 初始投资成本 CI

计算投资成本 CI 等年值：

方案 1：CI=53.2×100×0.0888=472.416 万元

方案 2：CI=53.2×90×0.0888=425.1744 万元

2. 运行成本 CO

（1）运行成本 CO 是指系统网损给电力公司带来的成本。根据负荷预测表，通过 PSASP 计算求得各方案在第 i 年产生的网损如表 5-30 所示。

表 5-30　　　　　　　　　　各方案第 i 年的网损（MW）

第 i 年	1	2	3	4	5	6
方案 1	2.990	2.990	2.990	2.990	2.990	2.990
方案 2	3.999	3.999	3.999	3.999	3.999	3.999
第 i 年	7	8	9	10	11	12
方案 1	2.990	2.990	2.990	2.990	2.990	2.990
方案 2	3.999	3.999	3.999	3.999	3.999	3.999
第 i 年	13	14	15	16	17	18
方案 1	2.990	2.990	2.990	2.990	2.990	2.990
方案 2	3.999	3.999	3.999	3.999	3.999	3.999
第 i 年	19	20	21	22	23	24
方案 1	2.990	2.990	2.990	2.990	2.990	2.990
方案 2	3.999	3.999	3.999	3.999	3.999	3.999
第 i 年	25	26	27	28	29	30
方案 1	2.990	2.990	2.990	2.990	2.990	2.990
方案 2	3.999	3.999	3.999	3.999	3.999	3.999

（2）根据以下公式求得第 i 年的运行成本现值 CO_{xi}。

$$CO_{xi} = \frac{L_i \times \tau_{max} \times P_G}{(1+\gamma)^i}$$

式中　L_i——第 i 年的网损；

　　　τ_{max}——最大损耗时间；

　　　P_G——购电价。

求得各方案第 i 年运行成本现值 CO_{xi} 如表 5-31 所示。

表 5-31   各方案第 i 年运行成本现值 CO_{xi}（万元）

第 i 年	1	2	3	4	5	6
方案 1	395.976	366.644	339.486	314.339	291.054	269.495
方案 2	529.618	490.387	454.062	420.428	389.285	360.449
第 i 年	7	8	9	10	11	12
方案 1	249.532	231.048	213.934	198.087	183.414	169.827
方案 2	333.749	309.027	286.136	264.941	245.316	227.144
第 i 年	13	14	15	16	17	18
方案 1	157.248	145.600	134.814	124.828	115.582	107.020
方案 2	210.319	194.739	180.314	166.958	154.590	143.139
第 i 年	19	20	21	22	23	24
方案 1	99.093	91.752	84.956	78.663	72.836	67.441
方案 2	132.536	122.719	113.629	105.212	97.418	90.202
第 i 年	25	26	27	28	29	30
方案 1	62.445	57.820	53.537	49.571	45.899	42.499
方案 2	83.520	77.334	71.605	66.301	61.390	56.843

（3）根据公式 $CO = \dfrac{\gamma(1+\gamma)^{\mathrm{T}}}{(1+\gamma)^{\mathrm{T}} - 1} \times \sum\limits_{i=1}^{30} CO_{xi}$ 求运行成本等年值 CO：

方案 1：$CO = 0.0888 \times 4814.438 = 427.52$ 万元

方案 2：$CO = 0.0888 \times 6439.310 = 571.81$ 万元

3. 检修维护成本 CM

检修维护成本是根据项目的初始投资成本与检修维护系数 α 相乘得到。检修维护系数 α 与时间的函数关系为浴盆曲线关系，其检修维护成本占比系数 α_i 如表 5-32 所示。

表 5-32   检修维护成本占比系数 α_i（%）

第 i 年	1	2	3	4	5	6
α_i	8	7	6	5	4	4
第 i 年	7	8	9	10	11	12
α_i	4	4	4	4	4	4

续表

第 i 年	13	14	15	16	17	18
α_i	4	4	4	4	4	4
第 i 年	19	20	21	22	23	24
α_i	4	4	4	4	4	4
第 i 年	25	26	27	28	29	30
α_i	4	4	5	6	7	8

求得各方案的第 i 年的检修维护成本现值 CM_i 如表 5-33 所示。

表 5-33　　　　各方案的第 i 年的检修维护成本现值 CM_i（万元）

第 i 年	1	2	3	4	5	6
方案 1	394.074	319.273	253.391	195.518	144.828	134.100
方案 2	354.667	287.346	228.052	175.966	130.345	120.690
第 i 年	7	8	9	10	11	12
方案 1	124.167	114.969	106.453	98.568	91.266	84.506
方案 2	111.750	103.472	95.808	88.711	82.140	76.055
第 i 年	13	14	15	16	17	18
方案 1	78.246	72.450	67.083	62.114	57.513	53.253
方案 2	70.422	65.205	60.375	55.903	51.762	47.928
第 i 年	19	20	21	22	23	24
方案 1	49.308	45.656	42.274	39.143	36.243	33.558
方案 2	44.377	41.090	38.047	35.228	32.619	30.203
第 i 年	25	26	27	28	29	30
方案 1	31.073	28.771	33.300	37.000	39.969	42.295
方案 2	27.965	25.894	29.970	33.300	35.972	38.065

根据公式 $CM = \dfrac{\gamma(1+\gamma)^{\mathrm{T}}}{(1+\gamma)^{\mathrm{T}}-1} \times \sum\limits_{i=1}^{30} CM_{xi}$ 求运行成本等年值 CM：

方案 1：$CM = 0.0888 \times 2910.362 = 258.440$ 万元

方案 2：$CM = 0.0888 \times 2619.326 = 232.596$ 万元

4. 故障成本 CF

夹河关水电站至郧西变电站的线路出现故障，夹河关水电站有 4×4.5 万 kW

的电能不能外送，系统损失了 4×4.5 万 kW 的电力，不过电力系统可以通过一次调频使系统有功功率重新达到平衡，不会造成负荷损失，所以故障成本为 0。

5. 报废成本 CD

报废成本包括报废处置管理费用和报废资产残值回收收入，上述两者的成本通常根据经验，分别取为初始投资成本的 0.04 和 0.05。所以各方案的报废处置成本分别为：

方案 1：$CD = 0.0888 \times \dfrac{(0.04 - 0.05) \times CI_x}{(1 + \gamma)^{30}} = -0.469$ 万元

方案 2：$CD = 0.0888 \times \dfrac{(0.04 - 0.05) \times CI_x}{(1 + \gamma)^{30}} = -0.423$ 万元

综上所述，各方案的 *LCC* 值如表 5–34 所示。

表 5–34　　　　　　　　　　**各方案的 LCC 值（万元）**

方案	1	2
LCC	1157.9	1229.2

5.2.2.3　计算效能指标

1. 增供电量效益

两个方案的新建线路的拓扑结构相同，线路上传输的功率相同，所以两个方案的增供负荷也相同。各方案第 i 年的增供负荷 P_i 如表 5–35 所示。

表 5–35　　　　　　　　　**各方案第 i 年的增供负荷 P_i（MW）**

第 i 年	1	2	3	4	5	6
增供电量	180	180	180	180	180	180
第 i 年	7	8	9	10	11	12
增供电量	180	180	180	180	180	180
第 i 年	13	14	15	16	17	18
增供电量	180	180	180	180	180	180
第 i 年	19	20	21	22	23	24
增供电量	180	180	180	180	180	180
第 i 年	25	26	27	28	29	30
增供电量	180	180	180	180	180	180

取最大负荷利用小时数 $T_{\max}$=4300h，可以求得各方案第 i 年的增供电量效益现值如表 5–36 所示。

表 5–36　　　　　各方案第 i 年的增供电量效益现值（万元）

第 i 年	1	2	3	4	5	6
增供电量效益	7166.67	6635.80	6144.26	5689.13	5267.71	4877.51
第 i 年	7	8	9	10	11	12
增供电量效益	4516.22	4181.68	3871.93	3585.12	3319.55	3073.66
第 i 年	13	14	15	16	17	18
增供电量效益	2845.98	2635.17	2439.97	2259.23	2091.88	1936.93
第 i 年	19	20	21	22	23	24
增供电量效益	1793.45	1660.60	1537.60	1423.70	1318.24	1220.59
第 i 年	25	26	27	28	29	30
增供电量效益	1130.18	1046.46	968.95	897.17	830.71	769.18

求出增供电量效益等年值：

方案 1：$E_{\mathrm{p}} = 0.0888 \times \sum\limits_{i=1}^{30} E_{\mathrm{p}i}$ =7737.61万元

方案 2：$E_{\mathrm{p}} = 0.0888 \times \sum\limits_{i=1}^{30} E_{\mathrm{p}i}$ =7737.61万元

2. 降损效益

降损效益的求取关键在于电网方案实施前后电网损耗的差值，表 5–30 已求出电网方案实施后的各方案电网损耗值。原方案的网损值为 0。根据公式 $E_{\mathrm{L}i}=\left(P_{\mathrm{LB}i}-P_{\mathrm{LA}i}\right)\tau_{\max}P_{\mathrm{G}}$ 求得各方案第 i 年的降损效益现值 $E_{\mathrm{L}i}$ 如表 5–37 所示。

表 5–37　　　　　各方案第 i 年的降损效益现值 $E_{\mathrm{L}i}$（万元）

第 i 年	1	2	3	4	5	6
方案 1	−395.976	−366.644	−339.486	−314.339	−291.054	−269.495
方案 2	−529.618	−490.387	−454.062	−420.428	−389.285	−360.449
第 i 年	7	8	9	10	11	12
方案 1	−249.532	−231.048	−213.934	−198.087	−183.414	−169.827
方案 2	−333.749	−309.027	−286.136	−264.941	−245.316	−227.144

续表

第 i 年	13	14	15	16	17	18
方案 1	−157.248	−145.600	−134.814	−124.828	−115.582	−107.020
方案 2	−210.319	−194.739	−180.314	−166.958	−154.590	−143.139
第 i 年	19	20	21	22	23	24
方案 1	−99.093	−91.752	−84.956	−78.663	−72.836	−67.441
方案 2	−132.536	−122.719	−113.629	−105.212	−97.418	−90.202
第 i 年	25	26	27	28	29	30
方案 1	−62.445	−57.820	−53.537	−49.571	−45.899	−42.499
方案 2	−83.520	−77.334	−71.605	−66.301	−61.390	−56.843

求出降损效益等年值：

方案 1：$E_L = 0.0888 \times \sum_{i=1}^{30} E_{Li} = -427.52$ 万元

方案 2：$E_L = 0.0888 \times \sum_{i=1}^{30} E_{Li} = -571.81$ 万元

3. 可靠性效益

两个方案的可靠性效益计为 0。

综上所述，求得各方案的效益如表 5-38 所示。

表 5-38 各方案的效益值

方案	1	2
效益	7310.1	7165.8

综合以上，汇总得到各方案 SEC 值如表 5-39 所示。

表 5-39 各方案 SEC 值

方案	S	E	C
1	1	7310.1	1157.9
2	1	7165.8	1229.2

5.2.2.4 基于 SEC 综合指标体系的方案比选

通过各方案的 LCC 值和效益值，根据公式 $SEC = \dfrac{C}{E}$ 可以计算得到各方案的 SEC 值如表 5-40 所示。

表 5-40　　　　　　　　　　　　　　各方案的 *SEC* 值

方案	1	2
SEC	0.1584	0.1715

根据上述计算结果，方案一的 *SEC* 值小于方案 2 的 *SEC* 值，因此方案 1 更优。

由以上计算分析可见，尽管电站外送线路选择 300 截面时的初投资要略小于选择 400 截面，但通过 *SEC* 比选分析，在全寿命周期内夹河关水电站外送线路选择 400 截面更加经济合理，因此实际工程中推荐选择 LGJ-400 线路。

5.2.3　应用三：目标网架方案比选

本小节以随州广水电网目标网架规划为例，介绍基于 *SEC* 综合最优的输电网规划方案评估方法在规划目标网架评估比选中的应用。

为解决广水地区新能源大规模上网需求，对广水 2020 年目标网架的构建两种方案的比较。两种方案分别为：

方案 1：220kV 永阳变电站增容工程为 3×180MVA，新建 220kV 凤凰变电站，终期规模 3×180MVA，新建一回出线至永阳，并 π 进上庙—姚家冲 I 回线路。其目标网架及 110kV 配套方案示意图如图 5-11 和图 5-12 所示。

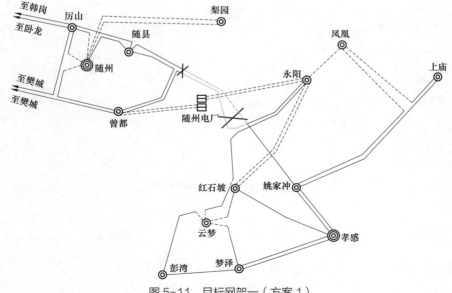

图 5-11　目标网架一（方案 1）

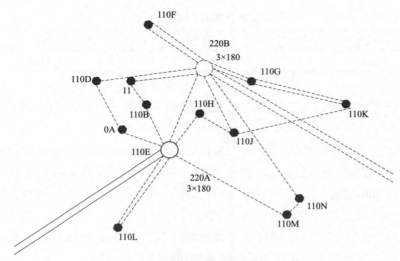

图 5-12　110kV 配套方案示意图（方案 1）

方案 2：220kV 永阳变电站增容工程为 2×180MVA，新建 220kV 武胜关变电站，终期规模 2×180MVA，新建一回出线至永阳，并 π 进上庙—姚家冲 I 回线路；新建 220kV 凤凰变电站，并新建两回出线至武胜关。其目标网架及 110kV 配套方案示意图如图 5-13 和图 5-14 所示。

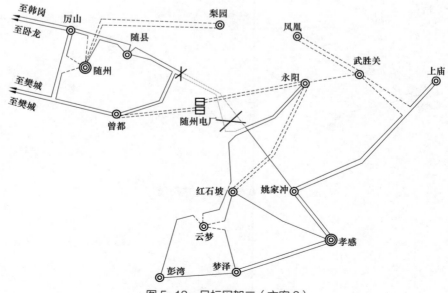

图 5-13　目标网架二（方案 2）

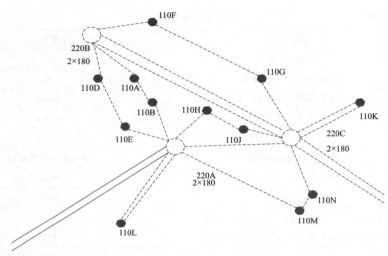

图 5-14　110kV 配套方案示意图（方案 2）

5.2.3.1　*SEC* 指标计算

根据负荷预测结果，假定：2020 年广水负荷为 26 万 kW，2018 年进行项目建设且于 2019 年底建成正式投产运行。

表 5-41 是以 2020 年（第 1 年）广水地区负荷为基准，未来 30 年的广水地区的负荷预测。

表 5-41　　　　　　　广水地区负荷预测（万 kW）

第 i 年	1	2	3	4	5	6	7	8	9	10
总负荷	26	27.7	29.5	31.5	33.6	35.8	38.2	40.7	43.4	46.2
第 i 年	11	12	13	14	15	16	17	18	19	20
总负荷	48.5	51.0	53.5	56.2	59.0	61.9	65.0	68.3	71.7	75.3
第 i 年	21	22	23	24	25	26	27	28	29	30
总负荷	78.3	82.2	86.3	90.0	90.0	90.0	90.0	90.0	90.0	90.0

表是在 *SEC* 的成本（*C*）、效益（*E*）的各相关分量中涉及的相关参数取值，如表 5-42 所示。

应用 SEC 模型计算方法，对两个目标网架进行目标网络型式计算，进而得出较优网络结构。远景目标网架 SEC 综合比选计算结果如表 5-43 所示。

表 5-42   相关参数取值表

相关参数	取值
折现率（%）	8
工程规划经济寿命（年）	30
最大负荷利用小时数（h）	5000
平均上网电价（元/kWh）	0.4416
售电电价（元/kWh）	0.6048
检修维护成本占比系数	基于浴盆原理取值
报废资产管理费用占比系数	0.04
残值率	0.05
180MVA 主变压器单位容量造价（万元）	33.0
LGJ-2×400 导线单公里造价（万元）	170

表 5-43   远景目标网架 SEC 综合比选计算结果表

项目	方案 1	方案 2
供电能力（万 kW）	70	72
增供电量效益 E_P（万元）	2406.37	2497.74
降损效益 E_L（万元）	32.68	34.34
可靠性收益 E_R（万元）	87.84	134.23
初始投资费用 CI（万元）	2093.9	2207.3
运行成本 CO（万元）	30.29	40.98
检修维护成本 CM（万元）	94.59	99.74
故障费用 CF（万元）	83.98	60.32
设备退役处置费 CD（万元）	7.5	12
安全指标 S	1	1
效能指标 E（万元）	2526.89	2666.31
成本指标 C（万元）	2310.26	2420.34
SEC 综合评价	0.914	0.908

5.2.3.2　比选分析

本案例是湖北广水地区电网的目标网架规划，目前电网 220kV 层面在规划期的负荷需求是 58 万 kVA，需要的变电需求是 108 万 kVA，现状已经有 220A 站，两台 18 万 kVA 主变压器。方案 1 是扩建 220A 站，并新建 220B 站。方案 2 是新建 220B/C 两个站。如果按照传统的比选方法，因为方案 1 初投资更少，所以选取方案 1 为推荐方案。

但我们通过 SEC 综合指标比选后，因为计算得到方案 2 比方案 1 的供电能力更强，所以与之相关的增供电量、降损效益、可靠性效益以及安全指标更优，最后得到方案 2 的 SEC 值比方案 1 更小、网架结构更优的结论。因此，在实际工程中，推荐选择的是方案 2。

5.2.4　应用四：变电站电气布置方案比选

本小节以汪洋 220kV 变电站为例，介绍基于 SEC 综合最优的输电网规划方案评估方法在变电站电气布置方案评估比选中的应用。

根据大悟县现有及规划风电厂的建设进度和规划太阳能发电厂的建设规模，到 2018 年底，大悟现有的 1 座上庙 220kV 变电站将不能满足风电厂的上网需求，因此，为满足大悟县风电厂的上网需求及负荷发展需求，改善大悟县 110kV 网络结构，需要建设大悟汪洋 220kV 输变电工程。下面对变电站两种电气布置方案进行比选。

方案 1：户外 AIS 建设方案。

方案 2：户外 GIS 建设方案。

本算例的方案比选只需考虑每个方案在整个寿命周期中各个成本的总和，不需要把全寿命周期成本转换为等年值进行比较。本算例只比较两个设备的成本，需要进行设备层的 LCC 计算，不涉及系统层的 LCC 计算。两个方案的效能指标都相同，所以不必计算效能指标。

5.2.4.1　全寿命周期成本计算

1. 初始投资成本 CI

计算投资成本 CI 在整个寿命周期的总和，各方案的初始投资成本如表 5-44 所示。

表 5-44　各方案的初始投资成本（万元）

方案	设备购置费	安装工程费	建筑工程费	其他	CI
1	2982	1503	3976	2775	11236
2	3713	1235	2864	2084	9896

方案 1 的 CI 为 11236 万元，方案 2 的 CI 为 9896 万元。

2. 运行成本 CO

设备级的运行成本是指电网运行期间所产生的一切费用的总和，主要包括设备能耗费、日常运行维护费用。变压器的运行成本可由公式 $CO=S_i \times P_i$ 求得，其中 S_i 为变压器容量，P_i 为单位成本标准。计算各方案的运行成本在整个寿命周期的总和：

方案 1：$CO=240 \times 0.2942=59.808$ 万元

方案 2：$CO=240 \times 0.2942=59.808$ 万元

3. 检修维护成本 CM

检修维护成本取值采用浴盆曲线模型，而每年检修维护成本 CM 取值为各方案投资成本现值的某个比例，这个比例为系数 α。方案 1 第 i 年的比例系数 α_i 如表 5-45 所示。方案 2 第 i 年的比例系数 α_i 如表 5-46 所示。

表 5-45　　　　　　　　　方案 1 第 i 年的比例系数 α_i（%）

第 i 年	1	2	3	4	5	6
α_i	10	9	8	7	6	6
第 i 年	7	8	9	10	11	12
α_i	6	6	6	6	6	6
第 i 年	13	14	15	16	17	18
α_i	6	6	6	6	6	6
第 i 年	19	20	21	22	23	24
α_i	6	6	6	6	6	6
第 i 年	25	26	27	28	29	30
α_i	6	6	7	8	9	10

表 5-46　　　　　　　　　方案 2 第 i 年的比例系数（%）

第 i 年	1	2	3	4	5	6
α_i	7	6	5	4	3	3
第 i 年	7	8	9	10	11	12
α_i	3	3	3	3	3	3
第 i 年	13	14	15	16	17	18
α_i	3	3	3	3	3	3
第 i 年	19	20	21	22	23	24
α_i	3	3	3	3	3	3
第 i 年	25	26	27	28	29	30
α_i	3	3	4	5	6	7

求得各方案的第 i 年的检修维护成本现值 CM_i 如表 5-47 所示。

表 5-47　　　　各方案第 i 年检修维护成本现值 CM_i（万元）

第 i 年	1	2	3	4	5	6
方案 1	415.28	346.06	284.83	230.76	183.14	169.58
方案 2	320.70	254.53	196.39	145.48	101.03	93.54
第 i 年	7	8	9	10	11	12
方案 1	157.02	145.39	134.62	124.65	115.41	106.86
方案 2	86.61	80.20	74.26	68.76	63.66	58.95
第 i 年	13	14	15	16	17	18
方案 1	98.95	91.62	84.83	78.55	72.73	67.34
方案 2	54.58	50.54	46.79	43.33	40.12	37.15
第 i 年	19	20	21	22	23	24
方案 1	62.35	57.73	53.46	49.50	45.83	42.44
方案 2	34.40	31.85	29.49	27.30	25.28	23.41
第 i 年	25	26	27	28	29	30
方案 1	39.29	36.38	39.30	41.59	43.32	44.57
方案 2	21.67	20.07	24.78	28.68	31.86	34.42

根据公式 $CM = \sum\limits_{i=1}^{30} CM_i$ 求得检修维护成本在整个寿命周期的总和：

方案 1：整个寿命周期的检修维护成本为 3463.39 万元。

方案 2：整个寿命周期的检修维护成本为 2149.82 万元。

4. 故障成本 CF

本报告第 3 章介绍了设备层故障成本。设备层故障成本 CF_{equ} 是由于电网运行过程中单个电力设备出现故障断电而引起的成本，主要指单个设备故障造成的停电损失。而一般而言，电力系统必须满足 $N-1$ 安全准则，即系统中任一元件发生故障被切除后都不应造成其他线路停运，不应造成用户停电，因此单台设备直接故障造成的失负荷概率很小，设备层故障成本 CF_{equ} 可视为 0。故两个方案的故障成本 CF 都为 0。

5. 报废成本 CD

报废成本包括报废处置管理费用和报废资产残值回收收入，上述两者的成本通常根据经验，分别取为初始投资成本的 0.04 和 0.05。所以各方案的报废处置成本分别为：

方案 1： $CD = \dfrac{(0.04 - 0.05) \times CI_x}{(1+\gamma)^{30}} = -11.17$ 万元

方案 2： $CD = \dfrac{(0.04 - 0.05) \times CI_x}{(1+\gamma)^{30}} = -9.83$ 万元

5.2.4.2　比选分析

通过上述全寿命周期成本的计算，各方案的 LCC 值如表 5-48 所示。

表 5-48　　　　　　　　　各方案的 LCC 值（万元）

方案	CI	CO	CM	CF	CD	LCC
1	11236	59.808	3463.38969	0	−11.17	14748.0
2	9896	59.808	2149.82043	0	−9.83	12095.8

　　方案二的全寿命周期成本更小，是更优方案，即选择户外 GIS 建设方案。

　　根据国网湖北省电力公司《湖北电网规划建设改造技术原则》，为避免变电站大范围的开挖、回填及高边坡治理，少占耕地，减少变电站占地面积，新建的 220kV 变电站宜优先采用 GIS、HGIS 等方案。本文通过对大悟汪洋 220kV 变电站 AIS 与 GIS 两种电气布置方案进行分析比选，结果表明，汪洋 220kV 变电站采用 GIS 建设方案在全寿命周期内更加经济合理，符合国网湖北省电力公司最新文件精神。

第 6 章　基于模糊层次分析的输电网规划评估方法

本章在第 4 章所建立的电网规划 SEC 综合评价指标体系基础之上，介绍了一种基于 SEC 模糊层次分析的输电网规划方案评估方法。首先介绍了层次分析法的基本原理，然后介绍了模糊数学理论，最后在上述理论基础上重点介绍了模糊层次分析法的原理及步骤。以 220kV 变电站接入方案评估比选、水电站 220kV 送出线路型号评估比选两个典型案例为例，介绍该评估方法在具体规划问题中的实际应用。

6.1　层次分析法

层次分析法（Analytical Hierarchy Process，AHP）是由美国运筹学家匹兹堡大学 Satty 教授提出。AHP 是一种定性定量相结合的多属性决策分析方法，特点是将决策者的经验判断给予量化，在目标结构复杂且缺乏数据情况下更为实用。

层次分析法通过建立两两比较判断矩阵，逐步分层地将众多复杂因素和决策者个人因素结合起来，进行逻辑思维，然后用定量形式表示出来。AHP 有其深刻的数学原理，但它更是一种决策思维方式，体现了人们在思维过程中的分解、判断、综合的基本特征。层次分析法结构如图 6-1 所示。

运用 AHP 法主要有如下步骤：

第一步，建立递阶层次结构：分析系统中各因素间的关系，建立系统

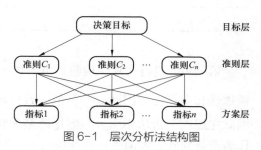

图 6-1　层次分析法结构图

的递阶层次结构。

决策者根据问题的性质和要达到的目标，分别制定出目标层、准则层以及方案层。最上层也就是目标层，中间层一般为准则层，最底层为方案层，这一层次包括了为实现目标而可供选择的各种措施、决策方案等。

第二步，形成判断矩阵：对于上一层次的某一准则，对同一层各因素的重要性进行两两比较，按照某一标度，构造判断矩阵。

假设准则层 C_1 所支配的下一层次有 n 个因素进行两两比较，得出按两个因素比较结果构成的一个 n 阶的判断矩阵：

$$A = \begin{bmatrix} a_{11} & a_{12} & \cdots & a_{1n} \\ a_{21} & a_{22} & \cdots & a_{2n} \\ \cdots & \cdots & \cdots & \cdots \\ a_{n1} & a_{n2} & \cdots & a_{nn} \end{bmatrix} = \begin{bmatrix} \omega_1/\omega_1 & \omega_1/\omega_2 & \cdots & \omega_1/\omega_n \\ \omega_2/\omega_1 & \omega_2/\omega_2 & \cdots & \omega_2/\omega_n \\ \cdots & \cdots & \cdots & \cdots \\ \omega_n/\omega_1 & \omega_n/\omega_2 & \cdots & \omega_n/\omega_n \end{bmatrix} \quad (6-1)$$

式中　a_{ij}——第 i 个目标与第 j 个目标的相对重要程度。

$a_{ij} = \omega_i/\omega_j$ 元素 ω 标度取 Satty 标度为 1，3，5，7，9，两两判断矩阵标度值及对应含义如表 6-1 所示。

表 6-1　两两判断矩阵标度值及对应含义

标度值	标度含义
$a_{ij}=1$	指标 ω_i 相对指标 ω_j 同样重要
$a_{ij}=3$	指标 ω_i 相对指标 ω_j 稍微重要
$a_{ij}=5$	指标 ω_i 相对指标 ω_j 明显重要
$a_{ij}=7$	指标 ω_i 相对指标 ω_j 强烈重要
$a_{ij}=9$	指标 ω_i 相对指标 ω_j 极端重要

第三步，进行一致性检验：由于客观事物的复杂性以及人们对事物认识的模糊性和多样性，因此 $a_{ij} = \dfrac{a_{ik}}{a_{jk}}$ 的一致性难以满足，判断矩阵不可能完全一致。因此在层次分析法中引入判断矩阵最大特征根以外的其余特征根的负平均值，作为衡量判断矩阵偏离一致性的指标，即

$$CI = \frac{\lambda_{\max} - n}{n - 1} \qquad (6-2)$$

式中　$\lambda_{\max}$——矩阵 A 的最大特征根；

　　　N——矩阵 A 的维数。

对于不同阶的判断矩阵，人们判断的一致误差不同，其 CI 值的要求也不同。衡量不同阶判断矩阵是否具有满意的一致性，我们还需引入判断矩阵的平均一致性指标 RI。对于 1-9 阶判断矩阵，RI 的值如表 6-2 所示。

表 6-2　　　　　　　　　　　　　　　　　　　**RI 的值**

1	2	3	4	5	6	7	8	9
0.00	0.00	0.58	0.90	1.12	1.24	1.32	1.41	1.45

当满足下式时可认为判断矩阵 A 具有一致性：

$$CR = \frac{CI}{RI} < 0.10 \qquad (6-3)$$

第四步，层次单排序：计算某层次因素相对上一层次中某一因素的相对重要性，这种排序计算称为层次单排序。具体地说，层次单排序是指根据判断矩阵计算对于上一层某元素而言本层次与之有联系的元素重要性次序权重。

对于满足一致性检验的判断矩阵 A，有如下方程

$$AW = \lambda_{\max} W \qquad (6-4)$$

则 A 矩阵最大特性值 $\lambda_{\max}$ 对应的特征向量 W，然后归一化即可得权重系数。这里给出一种简单的计算最大特征向量的方根法的计算步骤：

首先计算判断矩阵每一行元素的乘积 M_i

$$M_i = \prod_{j=1}^{n} a_{ij} \quad i = 1, 2, \cdots, n \qquad (6-5)$$

然后计算 M_i 的 n 次方根 $\overline{W_i}$

$$\overline{W_i} = \sqrt[n]{M_i} \qquad (6-6)$$

最后对向量 $\overline{W} = \left[\overline{W_1}, \overline{W_2} \cdots, \overline{W_N} \right]^T$ 正规化（归一化处理）

$$\overline{W_i} = \frac{\overline{W_i}}{\sum_{j=1}^{N} \overline{W_i}} \quad i = 1, 2, \cdots, n \tag{6-7}$$

则 $W_A = [W_1, W_2, \cdots, W_n]^T$ 即为所求的主观权重。

第五步，层次总排序：依次沿递阶层次结构由上而下逐层计算，即可计算出最底层因素相对于最高层（总目标）的相对重要性或相对优劣的排序值，即层次总排序。

6.2 模糊数学理论

模糊数学是研究和处理模糊性现象的数学理论和方法。1965 年，美国教授查德（L.A.Zadeh）发表论文"模糊集合"，标志着这门新学科的诞生。1974 年，英国教授马丹尼（E.H.Mamdani）首先将模糊集合理论应用于加热器的控制，其后产生了许多应用的例子。模糊数学在电力系统规划、电力系统控制、电力系统的多目标优化以及电力系统的其他许多领域都得到了广泛的应用。

6.2.1 模糊的概念

概念是反映客观事物本质特性的基本形式之一，是人们在感知事物的过程中形成的。人们把感知到事物的公有属性抽象化并加以总结概括，从而形成概念。比如从我们最常见的红花、红叶和红纸等事物中抽象出了"红"的概念。

概念都有其内涵与延伸意义，其内涵指的是概念的内容，也即是该概念所反映的事物的本质属性之和；其延伸意义指的是该概念的对象范围。一些概念的延伸意义不清晰，没有明确的界限，是模糊的，这些概念被称之为模糊概念，比如常见"年轻"、"年老"、"长"、"短"等，都是常见的模糊概念。

在认识模糊概念的时候需要注意模糊的几个特点：

（1）模糊性与随机性是不等同的。随机性中事件出现的不确定性是由于事件发生的条件不够充分，条件和事件之间的因果关系不确定而致，而不是因为其概念不明确；模糊性是指我们要处理的对象的概念不能准确确定，是不清晰的，也就是概念的延伸意义不清晰而带来的不确定性。

（2）认识存在主观性。在认识模糊概念时，对同一个概念，每个人的界限是不完全一样的，也就是说在认识过程中是允许存在人的主观因素的。而当我们采用模糊统计的方法进行分析时，相关概念的上下界限分布也是有规律可循的。

6.2.2 模糊理论的发展及应用

1965 年，著名控制论专家，美国加州大学伯克莱分校计算机系教授

L.A.Zadeh 首次提出了模糊集合（Fuzzy Set）的概念，发表了题目为"模糊集合论"的第一篇有关模糊数学的论文，从而宣告了模糊数学的诞生。他引入"隶属度"这个概念来描述处于中介过渡事物对差异一方所具有的倾向性程度，这是精确性对模糊性的一种逼近，首次成功地运用数学方法解释模糊性的现象 [34]。

　　1970 年 R.E.Bellman 和 L.A.Zadeh 教授提出了"模糊优化"的概念，为多目标优化和涉及生产管理、调配等模糊因素较多的领域的线性规划提供了有效的工具；1975 年 L.A.Zadeh 教授发表了"语言变量的概念及其在近似推理中的应用"一文，系统地提出了以字或句为值的语言变量和一种不十分精确的近似推理，使得信息的内容和意义的传输与逻辑加工成为一种可能性；1978 年 L.A.Zadeh 教授提出了"可能性理论"；1978 国际性期刊《Fuzzy Sets and System》诞生；1980 年日本"模糊系统研究小组"建立，成为日本模糊数学理论研究的支柱；1983 年法国马赛召开了"模糊信息、知识描述和决策分析会议"；1984 年国际模糊系统协会（IFSA）成立；1985 年国际模糊系统协会在西班牙召开第一次世界大会，之后每两年召开一次；1993 年 IEEE 模糊系统汇刊在美国创刊 [35-37]。

6.2.3　隶属度和隶属函数

　　产生模糊概念的原因在于客观事物的差异之间存在着中介状态，存在"亦此亦彼"的现象，这种模糊概念可以用模糊集合来表示，而属于某个集合的程度用闭区间 [0, 1] 上的一个实数衡量，这个数称为隶属度，描述隶属度的函数称为隶属函数。

　　隶属函数是模糊理论中的一个最基本的概念，一切模糊集都要用它来定义。隶属函数在模糊数学中的地位，犹如概率分布函数在概率论中的地位。所以，应用模糊数学方法的关键在于建立符合实际的隶属函数。

　　确定隶属函数的方法有多种，比较常见的有模糊统计方法和隶属函数指派法。

1. 模糊统计方法

　　模糊统计方法是一种客观方法。在模糊统计实验的基础上根据隶属度的客观存在来确定的。模糊统计实验必须包含下面的四个要素：

（1）论域 U；

（2）U 中的一个固定元素 x_0；

（3）U 中的一个随机变动的集合 A^*（普通集）；

（4）U 中的一个以 A^* 作为弹性边界的模糊集 A，对 A^* 的变动起着制约作用。其中，$x_0 \in A^*$，或者$x_0 \overline{\in} A^*$，致使x_0对A的隶属关系是不确定的。

假设做n次模糊统计实验，则：

$$x_0 \text{对} A \text{的隶属频率} = \frac{x_0 \in A^* \text{的次数}}{n} \qquad (6-8)$$

事实上，当n不断增大时，隶属频率趋于稳定，其频率的稳定值称为x_0对A的隶属度，即

$$\mu_A(x_0) = \lim_{n \to \infty} \frac{x_0 \in A^* \text{的次数}}{n} \qquad (6-9)$$

2. 指派方法

指派隶属函数的方法是一种主观的方法，它可以把人们的实践经验考虑进去。若模糊集定义在实数R上，则模糊集的隶属函数则称为模糊分布。所谓指派方法，就是根据问题的性质套用现成的某些形式的模糊分布，然后根据测量数据确定分布中所含的参数。

常用的模糊分布有三类，分别是偏小型模糊分布、偏大型模糊分布和中间型模糊分布。

（1）偏小型模糊分布是适合描述像"小""冷""青年"以及颜色的"淡"等偏向小的一方的模糊现象，其隶属函数的一般形式为

$$\underset{\sim}{A}(x) = \begin{cases} 1 & x \leq a \\ f(x) & x > a \end{cases} \qquad (6-10)$$

式中　a——常数；

$f(x)$——非增函数。

（2）偏大型模糊分布适合描述像"大""热""老年"以及颜色的"浓"等偏向大的一方的模糊现象，其隶属函数的一般形式为

$$\underset{\sim}{A}(x) = \begin{cases} 0 & x \leq a \\ f(x) & x > a \end{cases} \qquad (6-11)$$

式中　a——常数；

$f(x)$——非减函数。

（3）中间型模糊分布适合描述像"中""温暖""中年"等处于中间状态的模糊现象，其隶属函数可以通过中间型模糊分布表示。其隶属函数的一般形式为

$$\underset{\sim}{A}(x)=\begin{cases} 0 & x<a \\ f_1(x) & a<x<b \\ 1 & b \leqslant x \leqslant c \\ f_2(x) & c<x<d \\ 0 & x>d \end{cases} \qquad (6-12)$$

式中　a、b、c、d——常数；

　　$f_1(x)$、$f_2(x)$——分别为非减函数和非增函数。

6.3　模糊层次分析法及步骤

　　模糊层次分析法是由荷兰学者 Van Larrhoven 和 W.Pedrycz 提出来的，它是一种将模糊综合评价法和层次分析法相结合的评价方法，先用层析分析法确定因素集，然后用模糊综合评判确定评判效果使得定性与定量相结合，是一种在评价和优化等方面有着广泛的应用的模型。模糊法是在层次法之上，两者相互融合，对评价有着很好的可靠性。相对于传统的层次分析法，模糊层次分析法能够很好地解决打分的弹性问题，并且能从很大程度上减少专家的个人主观偏好对打分的影响。

　　在介绍模糊层次分析法及其步骤之前，首先定义两个重要的概念。

　　定义 1：模糊优先关系矩阵 $B=(b_{ij})_{m \times n}$，其具有如下性质：

　　（1）b_{ii}=0.5，i=1，2，3，$\cdots$，n

　　（2）$b_{ij}+b_{ji}$=1，i=1，2，3，$\cdots$，n，$i \neq j$

　　式中，b_{ij}=0.5 时，说明因素 X_i 与因素 X_j 同等重要；b_{ij}>0.5 时，说明因素 X_i 比因素 X_j 重要；b_{ij}<0.5 时，说明因素 X_j 比因素 X_i 重要。

　　定义 2：设有模糊优先关系矩阵 $B=(b_{ij})_{m \times n}$，若对任意的 k，有 $b_{ij}=b_{ik}-b_{jk}+0.5$，则称 B 是模糊一致性矩阵。模糊一致性矩阵可由模糊优先关系矩阵计算得到，其意义是保证模糊优先关系矩阵中各元素重要程度之间的协调性，避免出现方案 a 比方案 b 重要，方案 b 比方案 c 重要，方案 c 又比方案 a 重要的矛盾出现。

　　模糊层次分析法的步骤为：

　　（1）建立待比选问题的层次结构，确定评价指标；

　　（2）建立模糊优先关系矩阵；

　　（3）将模糊优先关系矩阵改造成为模糊一致性矩阵；

　　（4）单目标排序，使用模糊一致的判断矩阵去推算各层次各因素的重要次序，对权重指标归一化处理。

（5）总目标排序，在单目标排序的基础上，求得各方案在总目标下的优属度值，进而实现总目标排序。

下文介绍模糊层次分析法各个步骤的具体实现方法。

1. 构建递阶层次结构

这一步与层次分析法类似，首先将所要分析的问题层次化，根据问题的性质和要达到的总目标将问题分解成不同的组成因素，按照因素间的相互关系及隶属关系，将因素按不同层次聚集组合形成一个多层分析结构模型，最终归结为最低层（方案、措施、指标等）相对于最高层（总目标）相对重要程度的权重或相对优劣次序的问题，从而决定最佳方案。

本章中建立的层次结构分为三层，最高层为总目标，即 SEC 指标，中间层为与总目标直接相关的因素，即安全指标 S，全寿命周期成本指标 LCC 和效能指标 E，最低层为影响中间层指标的各种因素。层次结构见图 4-4。

2. 建立模糊优先关系矩阵

在运用模糊层次分析法时，其中关键一步是构建模糊优先关系矩阵。模糊优先关系矩阵的元素值反映各方案之间两两比较的优劣情况。目前构造模糊优先关系矩阵主要有两种方法。一种方法是对定量指标进行处理，根据各指标特点确定其隶属度函数并求出指标隶属度值，然后通过变换得到指标的模糊优先关系矩阵。另一种方法是对定性指标进行处理，通过 0.1~0.9 标度对指标进行两两比较，直接得到模糊优先关系矩阵。SEC 指标体系中既有量化指标又有定性指标，为对各指标进行准确评价，本文在应用模糊层次分析法过程中，混合使用上述两种方法来构造模糊优先关系矩阵。

（1）定量指标的模糊优先关系矩阵建立。定量指标采用隶属度的评价模型。不同的量化指标有不同的单位、不同的量纲，其取值范围也有较大不同。为方便、准确评价量化指标，针对各量化指标不同的特点采用不同的隶属度函数对数据进行归一化处理，即评价其隶属度。通过隶属度函数评价指标隶属度。

1）安全指标 0-1 型

$$r_i^k = \begin{cases} 1 & x_i \text{指标合格} \\ 0 & x_i \text{指标不合格} \end{cases} \qquad (6\text{-}13)$$

式中　r_i^k——第 i 个方案针对第 k 个指标的隶属度。

2）效益指标

$$r_i^k = \frac{x_i^k - \min(x_1^k, \cdots, x_m^k)}{\max(x_1^k, \cdots, x_m^k) - \min(x_1^k, \cdots, x_m^k)} \, (i = 1, 2, \cdots, m)$$　　（6–14）

3）成本指标

$$r_i^k = \frac{\max(x_1^k, \cdots, x_m^k) - x_i^k}{\max(x_1^k, \cdots, x_m^k) - \min(x_1^k, \cdots, x_m^k)} \, (i = 1, 2, \cdots, m)$$　　（6–15）

式中　x_i^k——第 i 个评价方案对于第 k 个指标的指标值；

　　　M——评价方案数。

利用上述隶属度函数可求出各种指标的归一化值，之后利用下式构造模糊优先关系矩阵 B。

$$b_{ij}^k = \frac{r_i^k - r_j^k}{2} + 0.5$$　　（6–16）

式中　r_i^k、r_j^k——第 i、j 个评价方案对于第 k 个指标的隶属度值；

　　　b_{ij}^k——第 i 个与第 j 个方案的优劣程度。

（2）定性指标模糊优先关系矩阵建立。对于定性指标，利用专家打分法，采用 0.1~0.9 九标度数量标度（表 6–3）对两个因素做两两比较，从而得到其模糊优先关系矩阵 $B = \left(b_{ij}^k \right)_{m \times n}$。

表 6–3　　　　　　　　　　0.1~0.9 九标度数量标度

标度	定义	说明
0.5	同等重要	两个因素同样重要
0.6	稍微重要	一个元素比另一个稍微重要
0.7	明显重要	一个元素比另一个明显重要
0.8	重要很多	一个元素比另一个重要的多
0.9	极端重要	一个元素比另一个极端重要
0.1~0.4	反比较	以上比较的反比较

3. 改造成模糊一致矩阵 A

通过上述步骤可以计算得到的量化指标和定性指标的模糊优先关系矩阵 B，并将其改造成模糊一致矩阵 A。

其中，先对矩阵 B 每行求和得 $r_i = \sum_{i=1}^{m} b_{ij}^k$，利用式（6–17）将模糊优先关系

矩阵 B 改造成模糊一致矩阵 A。

$$r_{ij}^{\ k} = \frac{r_i - r_j}{2m} + 0.5 \qquad (6\text{-}17)$$

4. 单目标排序

根据模糊一致矩阵，计算最底层就上一层某因素而言，本层次的因素重要性的优先权重的方法称为单目标排序。采用方根法，利用下列公式计算方案 i 在单目标下的优属度值 s_i^k。

$$s_i^{\ k} = \overline{s_i} \left/ \sum_{j=1}^{m} \overline{s_j} \right. \qquad (6\text{-}18)$$

$$\overline{s_i} = (\prod_{i=1}^{m} r_{ij}^{\ k})^{\frac{1}{m}} \qquad (6\text{-}19)$$

5. 目标总排序

所谓的目标总排序，即为计算同一层包含的因素对最高层重要性的排序权值。利用同一层次中所有单目标排序的结果，就可以计算针对上一层次而言，本层次所有因素重要性的权值。总目标排序需要从上到下逐层顺序进行，对于最高层下面的第二层，其单目标排序即为总排序。利用式（6-20）求得最终的各方案优属度值。

$$T_i = \sum_{k=1}^{n} \omega_k s_i^{\ k} \qquad (6\text{-}20)$$

式中　ω_k——各指标权重。

按照 T_i 的大小可得到各方案排序结果。

6.4　典型应用

6.4.1　应用一：变电站接入方案比选

本小节选用第 5 章典型应用中的陶家岭 220kV 输变电工程接入系统方案进行分析。各方案的 LCC 计算值和效益计算值分别如表 6-4、表 6-5 所示。

表 6-4　　　　　　　　　　各方案的 LCC（万元）

方案	1	2	3
LCC	2787.7	2776.7	2953.6

表 6-5　　　　　　　　　　　　　各方案的效益

方案	1	2	3
效益	22171.5	22003.7	22184.5

1. LCC 指标排序

（1）LCC 值归一化。根据式（6-15）计算得到 LCC 归一化值如表 6-6 所示。

表 6-6　　　　　　　　　　　　　LCC 归一化值

方案	1	2	3
归一化值	0.94	1	0

（2）LCC 优先关系矩阵。根据式（6-16）计算得到 LCC 优先关系矩阵如表 6-7 所示。

表 6-7　　　　　　　　　　　LCC 优先关系矩阵

方案	1	2	3	对行求和
1	0.500	0.47	0.97	1.94
2	0.53	0.500	1	2.03
3	0.03	0	0.500	0.53

（3）LCC 模糊一致矩阵。根据式（6-17）将模糊优先关系矩阵改造成模糊一致矩阵如表 6-8 所示。

表 6-8　　　　　　　　　　　LCC 模糊一致矩阵

方案	1	2	3
1	0.5	0.485	0.735
2	0.515	0.5	0.75
3	0.265	0.25	0.5

（4）各方案 LCC 排序结果。利用式（6-18）与式（6-19）得到 LCC 排序结果：

$$\omega_{LCC}=（0.385，0.395，0.220）$$

2. 效能指标排序

（1）效益指标。

1）效益值归一化。根据式（6-14）得到效益归一化值如表 6-9 所示。

表 6-9 效益归一化值

方案	1	2	3
归一化值	0.928	0.000	1.000

2）效益优先关系矩阵。根据式（6-16）计算得到效益优先关系矩阵如表 6-10 所示。

表 6-10 效益优先关系矩阵

方案	1	2	3	对行求和
1	0.5	0.964	0.464	1.928
2	0.036	0.500	0.000	0.536
3	0.536	1.000	0.500	2.036

3）效益模糊一致矩阵。根据式（6-17）将模糊优先关系矩阵改造成效益模糊一致矩阵如表 6-11 所示。

表 6-11 效益模糊一致矩阵

方案	1	2	3
1	0.500	0.732	0.482
2	0.268	0.500	0.250
3	0.518	0.750	0.500

4）效益排序结果。利用式（6-18）与式（6-19）得到各方案效益排序结果：

$$\omega_{效益} = (0.384, 0.220, 0.396)$$

（2）适应性指标。

1）负荷适应性。

a. 负荷适应性优先关系矩阵。依据表 6-3，利用专家打分法，得到各方案的负荷适应性优先关系矩阵如表 6-12 所示。

表 6-12　　　　　　　　　　　　　　　负荷适应性优先关系矩阵

方案	1	2	3	对行求和
1	0.500	0.600	0.300	1.400
2	0.400	0.500	0.200	1.100
3	0.700	0.800	0.500	2.000

b. 负荷适应性模糊一致矩阵。根据式（6-17）将模糊优先关系矩阵改造成负荷适应性模糊一致矩阵如表 6-13 所示。

表 6-13　　　　　　　　　　　　　负荷适应性模糊一致矩阵

方案	1	2	3
1	0.500	0.550	0.400
2	0.450	0.500	0.350
3	0.600	0.650	0.500

c. 负荷适应性的排序结果。利用式（6-18）和式（6-19）得到各方案的负荷适应性排序结果：

$$\omega_{负荷适应性} = (0.322, 0.288, 0.390)$$

2）电源适应性。

a. 电源适应性优先关系矩阵。依据表 6-3，利用专家打分法，得到各方案的电源适应性优先关系矩阵如表 6-14 所示。

表 6-14　　　　　　　　　　　　　电源适应性优先关系矩阵

方案	1	2	3	对行求和
1	0.500	0.600	0.500	1.600
2	0.400	0.500	0.400	1.300
3	0.500	0.600	0.500	1.600

b. 电源适应性模糊一致矩阵。根据式（6-17）将模糊优先关系矩阵改造成电源适应性模糊一致矩阵如表 6-15 所示。

表 6-15 电源适应性模糊一致矩阵

方案	1	2	3
1	0.500	0.550	0.500
2	0.450	0.500	0.450
3	0.500	0.550	0.500

c. 电源适应性的排序结果。利用式（6-18）和式（6-19）得到各方案的负荷适应性排序结果：

$$\omega_{电源适应性} = （0.344，0.311，0.344）$$

3）灾害适应性。

a. 灾害适应性优先关系矩阵。依据表 6-3，利用专家打分法，得到各方案的灾害适应性优先关系矩阵如表 6-16 所示。

表 6-16 灾害适应性优先关系矩阵

方案	1	2	3	对行求和
1	0.500	0.600	0.300	1.400
2	0.400	0.500	0.200	1.100
3	0.700	0.800	0.500	2.000

b. 灾害适应性模糊一致矩阵。根据式（6-17）将模糊优先关系矩阵改造成灾害适应性模糊一致矩阵如表 6-17 所示。

表 6-17 灾害适应性模糊一致矩阵

方案	1	2	3
1	0.500	0.550	0.400
2	0.450	0.500	0.350
3	0.600	0.650	0.500

c. 灾害适应性的排序结果。利用式（6-18）和式（6-19）得到各方案的负荷适应性排序结果：

$$\omega_{灾害适应性} = （0.322，0.288，0.390）$$

综上得到各方案在负荷适应性、电源适应性和灾害适应性的排序结果。得到电网适应性子指标排序结果如表 6-18 所示。

表 6-18　　　　　　　　　　电网适应性子指标排序结果

方案	1	2	3
负荷适应性	0.322	0.288	0.390
电源适应性	0.344	0.311	0.344
灾害适应性	0.322	0.288	0.390

4）电网适应性排序。利用层次分析法得出负荷适应性、电源适应性和灾害适应性的权重为：0.440、0.350、0.210。利用式（6-20）计算得到各方案在电网适应性的排序结果如表 6-19 所示。

表 6-19　　　　　　　　　　电网适应性排序结果

方案	1	2	3
电网适应性	0.330	0.296	0.374

（3）效能排序。利用层次分析法得出效益和电网适应性权重为：0.69、0.31。利用式（6-20）计算得到各方案在效能排序结果，如表 6-20 所示。

表 6-20　　　　　　　　　　效能排序结果

方案	1	2	3
效能	0.367	0.244	0.389

3. SEC 指标总排序

通过层次分析法得到 LCC 和效能指标权重为：0.660，0.340。利用式（6-20）计算得到各方案 SEC 排序结果如表 6-21 所示。

表 6-21　　　　　　　　　　*SEC* 排序结果

方案	1	2	3
SEC	0.379	0.344	0.277

根据上述 *SEC* 排序结果可知，利用模糊层次分析法计算得到的规划方案评估结果是方案一为最优方案。

6.4.2　应用二：送电线路截面型号比选

本小节选用第 5 章典型应用中的汉江夹河关水电站 220kV 送出工程导线截面比选进行分析。各方案的 *LCC* 计算值和效益计算值归纳如表 6−22、表 6−23 所示。

表 6−22　　　　　　　　　　各方案的 *LCC* 值（万元）

方案	1	2
LCC	1157.9	1229.2

表 6−23　　　　　　　　　　各方案的效益值

方案	1	2
效益	7310.1	7165.8

1. *LCC* 指标排序

（1）*LCC* 值归一化。根据式（6−15）得到 *LCC* 的归一化值如表 6−24 所示。

表 6−24　　　　　　　　　　*LCC* 归一化值

方案	1	2
LCC	1157.900	1229.200
归一化值	1	0

（2）*LCC* 优先关系矩阵。根据式（6−16）计算得到 *LCC* 优先关系矩阵如表 6−25 所示。

表 6−25　　　　　　　　　　*LCC* 优先关系矩阵

方案	1	2	对行求和
1	0.500	1	1.500
2	0	0.500	0.500

（3）*LCC* 模糊一致矩阵。根据式（6−17）将模糊优先关系矩阵改造成 *LCC* 模糊一致矩阵如表 6−26 所示。

表 6-26　　　　　　　　　　　　　LCC 模糊一致矩阵

方案	1	2
1	0.5	0.75
2	0.25	0.5

（4）各方案 LCC 排序结果。利用式（6-18）与式（6-19）得到 LCC 排序结果：

$$\omega_{LCC}=（0.634，0.366）$$

2. 效能指标排序。

（1）效益值归一化。根据式（6-14）得到效益归一化值如表 6-27 所示。

表 6-27　　　　　　　　　　　效益归一化值

方案	1	2
E	7310.1	7165.8
归一化值	1	0.000

（2）效益优先关系矩阵。根据式（6-16）计算得到效益优先关系矩阵如表 6-28 所示。

表 6-28　　　　　　　　　　效益优先关系矩阵

方案	1	2	对行求和
1	0.5	1	1.5
2	0	0.500	0.5

（3）效益模糊一致矩阵。根据式（6-17）将模糊优先关系矩阵改造成效益模糊一致矩阵如表 6-29 所示。

表 6-29　　　　　　　　　　效益模糊一致矩阵

方案	1	2
1	0.500	0.75
2	0.25	0.500

（4）效益排序结果。利用式（6–18）与式（6–19）得到各方案效益排序结果：

$$\omega_{效益} = (0.634, 0.366)$$

3. SEC 指标总排序

通过层次分析法得到 LCC 和效能指标权重为：0.5，0.5。利用式（6–20）计算得到各方案 SEC 排序结果如表 6–30 所示。

表 6–30 　　　　　　　　　　　　　　SEC 排序结果

方案	1	2
SEC	0.634	0.366

根据表 6–30 的 SEC 排序结果可知，利用模糊层次分析法计算得到的规划方案评估结果是方案一最优方案。

第 7 章　基于改进 TOPSIS 和德尔菲—熵权综合权重法的输电网规划评估方法

本章在第 4 章所建立的电网规划 SEC 综合评价指标体系基础之上，提出了一种基于改进 TOPSIS 和德尔菲—熵权综合权重法相结合的电网规划方案综合决策方法。首先，介绍了德尔菲法和熵权法的基本原理，然后应用博弈论模型得到德尔菲—熵权综合权重计算方法，并引入绝对理想点以及投影法对 TOPSIS 法进行改进，得到一种基于改进 TOPSIS 法和德尔菲—熵权综合权重法的输电网规划方案评估方法。最后，选取 220kV 变电站接入方案评估比选来验证该方案的有效性。

7.1　德尔菲—熵权综合权重计算

在 SEC 综合评价指标体系中，由于每个评价指标的作用、地位和影响力不尽相同，必须根据每个指标的重要程度合理的赋予不同的权重。权重反映了各个指标在指标集中的重要性程度。指标的权重直接关系到这一指标对总体的贡献性大小。因此，确定各评价指标的权重，是综合评价的基础。本章采用德尔菲法和熵权法对多目标的综合评价指标体系中各指标进行赋权。

7.1.1　德尔菲法

德尔菲法是在 20 世纪 40 年代由赫尔姆和达尔克首创。该方法除了在科技领域应用之外，还可以用于其他领域的预测，如军事预测、人口预测、医疗保健预测、经营和需求预测、教育预测等。此外，它还可用来进行评价、决策和规划工作，在长远规划者和决策者心目中享有很高的可信度。德尔菲法本质上是一种反馈匿名函询法，是一种利用函询形式的集体匿名思想交流过程。这种方法具有广泛的代表性，较为可靠。

德尔菲法是一种主观的专家意见评价方法，既可以将专家的个人偏好造成的片面性降低，还可以体现出专家间的意见分歧。本文采用德尔菲法，利用专家的知识、经验和个人观点对多目标的综合评价指标体系中各指标赋权。采用专家意见的一致性作为确定指标权重的标准。

德尔菲法的流程为：

1. 明确评估目标

明确进行效能评估的目标，借助人的逻辑思维和经验能使目标的评价收到很好的效果。

2. 聘选专家

专家的权威程度要高，有独到的见解，有丰富的经验和较高的理论水平，这样才能提供正确的意见和有价值的判断。

3. 发布问题

发布需要专家评估的问题，分几轮进行评估，直到达到预期的收敛效果。

4. 专家对权重进行评估

专家采用匿名或"背靠背"的形式进行评估，专家根据评估规则评估权重，并说明制定的依据，按照该程序完成对权重的评估。

5. 对获取的专家知识进行处理

以专家的原始意见为基础，建立专家意见集成的优化模型，综合考虑一致性和协调性因素，同时满足整体意见收敛性的要求，找到群体决策的最优解或满意解，获得具有可信度指标的结论，达到专家意见集成的目的。对获取的专家知识进行处理的具体步骤如下：

假设所参加评判的专家数为 m，则可将其表示为专家集 $H=\{h_1, h_2, \cdots, h_m\}$；$h_i$ 表示第 i 个专家，其给出的 n 个指标的权重分配意见为 $A_i=(a_{i,1}, a_{i,2}, \cdots, a_{i,n})$，并满足 $\sum_{j=1}^{n} a_{i,j}=1$。

（1）计算专家意见集中度。根据本领域专家给出各指标权重 $a_{i,j}$ 和参与专家人数 m 计算得到各权重的期望值 E。

$$e_j = \frac{1}{m}\sum_{i=1}^{m} a_{i,j} (j=1,2,\cdots,n) \qquad (7-1)$$

式中 e_j——第 j 个指标的权重期望值。

（2）计算专家意见一致性。若专家意见一致性较差，则通过式（7-1）对专家意见进行加权后得到的权重期望值有可能违背所有专家的想法。因此采用

Kendall 一致性检验法对专家意见进行一致性检验，过程如下：

对于 $\forall h_{ki} \in H$，其所给的权向量为 $A_{ki} = (a_{ki,1}, a_{ki,2}, \cdots, a_{ki,n})$，构造对应的排序号向量：

$$R_{ki} = (r_{ki,1}, r_{ki,2}, \cdots, r_{ki,n}) \tag{7-2}$$

式中　$r_{ki,j}$——相应的 $a_{ki,j}$ 在 A_{ki} 中的排序号，其中 $1 \leqslant j \leqslant n$。

具体的取值方法为：当 $a_{ki,j}$ 为 A_{ki} 中所有维分量最小值时，令 $r_{ki,j}=1$；当 $a_{ki,j}$ 为 A_{ki} 中所有维分量次小值时，令 $r_{ki,j}=2$；以此类推可得对应的排序号向量取值。

专家意见的一致性可以用 Kendall 协和系数表示。

$$\text{Kendall}(H) = \frac{12 \times \left[\sum_{j=1}^{n}(\sum_{i=1}^{m} r_{ki,j})^2 - \frac{1}{n}(\sum_{j=1}^{n}\sum_{i=1}^{m} r_{ki,j})^2\right]}{m^2(n^3-n)} \tag{7-3}$$

（3）判断是否需要重新征询。根据《Kendall 协和系数显著性临界值表》，检查 Kendall（H）是否达到显著性水平。若 Kendall（H）大于表内临界值 L，则 Kendall（H）达到显著性水平，认为专家意见一致性较强，输出权重期望值 E，否则需要重新向专家征询各指标权重，直至 Kendall（H）大于表内临界值 L 为止。Kedall 协和系数显著性临界值表见表 7-1。

表 7-1　　　　　　　　　　Kedall 协和系数显著性临界值表

专家个数 m	待评价指标数 n				
	3	4	5	6	7
显著性水平 $\alpha=0.05$					
3	—	—	0.7156	0.6597	0.6242
4	—	0.6188	0.5525	0.5118	0.4844
5	—	0.5008	0.4492	0.4169	0.3946
6	—	0.4206	0.3781	0.3514	0.3325
8	0.3758	0.3178	0.2870	0.2670	0.2528

7.1.2　熵权法

熵的概念源于热力学，最早是 1864 年由德国物理学家 Boltgman 和 Clausius 在《热之唯动说》中提出，用以描述系统状态的物理量。后来，美国数学家、控制论及信息论的创始人 Shannon 在此基础上提出了更广阔的信息熵，以其作为不确定性的量度。如今，作为"不确定性"的最佳测度，熵理论在社会经济、工程技术等几乎所有领域均得到了广泛使用。熵权法就是熵理论在确定权重领域方面的一项重要应用。

根据申农的信息论可知，熵是用来度量信息的不确定性的，信息即为熵，系统的信息增加，则信息熵值减小，不确定性减小；反之，信息减少，信息熵值增大，不确定性增大。总之，对于信息熵来说，它的增加或减少在很大程度上反映了信息的不确定性程度，也可以用信息熵来衡量系统所得到的数据能带来多少对于系统比较有用的信息量。熵权就是利用熵理论方法来确定的指标评价体系中的各个指标权重的大小的，实践证明这种研究方法具有一定科学性和精确性。

熵权法是一种依据评价指标体系中各指标所包含的信息量的多少来确定指标权重的赋权方法，熵权法一种客观赋权方法。熵权法利用信息论中熵值来体现不同指标中信息的无序化程度，以此来衡量某项指标所包含信息量的多少，从而确定该指标对目标决策所起的作用的大小。熵权法具体步骤如下：

1. 构建指标矩阵

假设对 m 个方案进行评价，包含 n 个评价指标，方案 i 的第 j 个指标的指标值为 d_{ij}（$i=1,2,\cdots,m$；$j=1,2,\cdots,n$），由各方案的指标值组成指标矩阵 $D=(d_{ij})_{m \times n}$。

$$D = \begin{bmatrix} d_{11} & \dots & d_{1n} \\ \dots & \dots & \dots \\ d_{m1} & \dots & d_{mn} \end{bmatrix} \tag{7-4}$$

2. 指标矩阵标准化

各评价指标之间由于性质、单位、量级存在一定差别，需要进行归一化处理，得到无量纲的标准化矩阵 $X=(x_{ij})_{m \times n}$。

$$x_{ij} = \frac{\left| d_j^0 - d_{ij} \right|}{d_{jM} - d_{jm}} (i=1,2,\cdots,m; j=1,2,\cdots,n) \tag{7-5}$$

$$d_{jM}=\max(d_{1j}, d_{2j}, \cdots, d_{mj}) \tag{7-6}$$

$$d_{jm}=\max(d_{1j}, d_{2j}, \cdots, d_{mj}) \tag{7-7}$$

$$d_j^0 = \begin{cases} d_{jm}, & d_j \text{ 为正指标时，即指标越大，方案越优} \\ d_{jM}, & d_j \text{ 为负指标时，即指标越小，方案越优} \end{cases} \tag{7-8}$$

3. 指标权重确定

根据熵的定义，计算第 j 项指标的熵值 b_j 为

$$b_j = -\frac{1}{\ln m} \sum_{i=1}^{m} q_{ij} \ln q_{ij} \qquad (7\text{--}9)$$

$$q_{ij} = x_{ij} / \sum_{i=1}^{m} x_{ij} \qquad (7\text{--}10)$$

式中　q_{ij}——第 j 项指标下第 i 种方案的比重。

则第 j 项指标的权值为

$$c_j = (1-b_j) / \sum_{j=1}^{n} (1-b_j) \qquad (7\text{--}11)$$

式中　c_j——第 j 项指标的权重。

指标权重列向量为

$$C = (c_1, \ c_2, \ \cdots, \ c_n) \ T \qquad (7\text{--}12)$$

7.1.3　基于博弈论的德尔菲—熵权综合权重法

主观赋权法德尔菲法能较好地反映评价对象所处的背景条件和决策者的主观意图，但各个指标权重系数准确性有赖于专家的知识和经验积累，因而具有较大的主观随意性。客观赋权法熵权法的权重确定完全取决于样本数据本身的特点，无任何主观偏好，具有绝对的客观性，但容易出现重要指标的权重系数小而不重要指标权重系数大的不合理现象。德尔菲法和熵权法各有利弊，将两种方法相结合，使权重不仅包含数据本身信息，还能体现出专家的主观判断。

因此以 NASH 均衡作为协调目标将博弈论引入到综合评价，提出基于博弈论的综合权重法，其基本思想为用博弈论模型在不同权重之间寻找一致或妥协，使可能的权重与各基本权重之间偏差最小，最终得到一个较均衡的综合权重。

7.1.3.1　博弈论

1. 博弈论的基本概念

博弈论，又称为对策论，是专门研究当两个或两个以上决策主体之间利益相关甚至存在冲突时，各主体如何通过自身已知信息和对自身能力的认知，做出有利于自己或群体的决策的一种理论。博弈论作为现代数学的一个分支，是有关策略互相作用的理论，在决策时他人的决策会影响某人，相应的某人的决策也会影响他人，一般假定每个决策者具有理性的逻辑思维。简单来说，如果存在多个决策者同时追求各自目标，且各自决策相互作用的情况，便将此决策

情况称为博弈。

博弈论的思想自古已有，我国古代兵家军法巨著《孙子兵法》可算作最早的博弈著作。近代对博弈论的研究始于德国数学家 Zermelo 与法国数学家 Borel，随后 von Neumann 在 1928 年证明了博弈论的基本原理，代表了博弈论的正式诞生。1944 年，von Neumann 与 Morgenstern 共著的《博弈论与经济行为》一书系统化了博弈结构，将博弈体系推广到多人博弈结构，并首次应用于经济学领域，标志着博弈论作为一门学科的正式形成。美国数学家 John Nash 在 1950 至 1951 年间，应用不动点定理研究并成功证明了均衡点的存在性，我们常称之为纳什均衡点的存在性，这为博弈论的一般化特别是现代非合作博弈理论奠定了基础。Nash 均衡作为具有普遍适用性的博弈概念，适合于包括主从博弈在内的所有博弈模型。此外，Reinhard Selten 对子博弈精炼纳什均衡的研究与创立、John C.Harsanyi 对不完全信息博弈的高度创新分析等研究，都极大地推动了博弈论的发展。迄今，博弈论在不断地发展进步中已成长为一门较为成熟的学科。

2. 非合作博弈

根据参与者是否达成具有约束力的协议即是否互相协作，可将博弈论分为合作博弈与非合作博弈，前者主要研究存在协议约束的联盟与联盟间的合作及对抗，以及他们如何分配合作的共同收益，即利益分配问题，常用联盟式表达；后者主要研究参与者在利益相互受约束的情况怎样做出最有利于自身利益的策略，即策略的选择性问题，常用策略式和扩展式表达。本著作利用博弈论来确定各指标的综合权重，各指标的"利益"是相互约束的情况，属于非合作博弈。

Nash 在 1950 年发表了《n 人博弈中的均衡点》和 1951 年发表的《非合作博弈》两篇论文，定义了 Nash 均衡点的概念，并证明了非合作博弈解的存在性—Nash 均衡的存在性。Nash 均衡点是一个"最优"的点，没有一个参与者可以通过采用 Nash 均衡以外的任何策略而获得更多收益。寻找非合作博弈的解就是要找到 Nash 点。求解 Nash 均衡点可基于将求解博弈均衡问题转化为求解优化问题的思想来进行求解，可以采用策略式的形式，列出博弈所需要的全部信息，具体来说，可采用如目前使用较多的迭代求解算法。

7.1.3.2 博弈论与德尔菲—熵权综合权重法的结合

以 Nash 均衡作为协调目标将博弈论引入到综合评价，提出基于博弈论的综合权重法，其基本思想为用博弈论模型在不同权重之间寻找一致或妥协，使可能的权重与各基本权重之间偏差最小，最终得到一个较均衡的综合权重。其基本流程如下。

使用 l 种方法对综合评价指标体系中的各指标进行权重确定，由此构造一个基本权重集 $u=\{u_1,\ u_2,\ \cdots,\ u_l\}$，将其中的 l 个向量任意线性组合就构造了一个综合权重集：

$$u = \sum_{k=1}^{l} g_k u_k^{\ T} \quad (g_k > 0) \tag{7-13}$$

为从综合权重集中找到最满意的权重 u^*，使用博弈论模型，对式（7-13）中 l 个线性组合系数 g_k 进行优化，优化的目标是使 u 与各个 u_k 的离差极小化。因此，可导出如下对策模型：

$$\min \left\| \sum_{j=1}^{l} g_j u_j^{\ T} - u_i \right\|_2 \quad (i=1,2,\cdots,l) \tag{7-14}$$

该对策模型的本质是将多个权重向量交叉组合的规划模型，根据矩阵的微分性质，得出式（7-14）最优化一阶导数条件为：

$$\begin{bmatrix} u_1 u_1^{\mathrm{T}} & \cdots & u_1 u_l^{\mathrm{T}} \\ \cdots & \cdots & \cdots \\ u_l u_1^{\mathrm{T}} & \cdots & u_l u_l^{\mathrm{T}} \end{bmatrix} \begin{bmatrix} g_1 \\ g_2 \\ \cdots \\ g_l \end{bmatrix} = \begin{bmatrix} u_1 u_1^{\mathrm{T}} \\ u_2 u_2^{\mathrm{T}} \\ \cdots \\ u_l u_l^{\mathrm{T}} \end{bmatrix} \tag{7-15}$$

计算可求得（g_1, g_2, $\cdots$, g_l），然后再对其归一化处理：

$$g_k^{\ *} = g_k / \sum_{k=1}^{l} g_k \tag{7-16}$$

因此，求得综合权重为：

$$u^* = \sum_{k=1}^{l} g_k^{\ *} u_k^{\ T} \tag{7-17}$$

采用德尔菲法和熵权法计算各指标权重，构成基本权重集，运用基于博弈论的综合权重法将两者结合，得到更均衡的综合权重。

7.2　改进 TOPSIS—德尔菲—熵权组合评价计算模型

在处理求解多目标问题时，因其指标数据信息量大，传统层次分析法和数据包络法计算过程复杂且不能充分利用这些客观数据，因此引入理想点排序法（TOPSIS）来进行评价计算。TOPSIS 法根据有限个评价对象与理想化目标的接近程度进行排序，对待评价对象进行相对优劣的评价。在 TOPSIS 法中有 2 个虚拟的理想化目标，一个是正理想解或称最优解，一个是负理想解或称最劣解，该方法的基本原理是通过计算评价对象与正理想解、负理想解的欧式距离来进行排序，若评价对象最靠近正理想解同时又最远离负理想解，则为最好，否则为最差。

而研究表明传统的 TOPSIS 法在理想点选取和距离计算上存在不足，可能导致待选方案出现逆排序或因距离计算不准确而不能得到最佳方案。因此，将 TOPSIS 法进行改进，引入了绝对理想点以及投影法，并用德尔菲—熵权综合权重计算法替代传统 TOPSIS 法的专家经验赋权法，以减小赋权误差，提高计算精准度，从而提出一种更为可靠的改进 TOPSIS—德尔菲—熵权组合评价计算模型。其模型计算的基本流程如下：

1. 根据评估对象构造标准化决策矩阵

假设有 m 个评价方案，n 个评价指标，构造标准化决策矩阵 $X=(x_{ij})_{m \times n}$（ $i=1$, 2, …, m, $j=1$, 2, …, n ）。

2. 确定各指标的权重值

利用德尔菲—熵权综合权重计算方法确定指标 i 权重为 c_i，对应的权重矩阵为 $C=\mathrm{diag}(c_1, c_2, …, c_n)$。

3. 构造加权判断矩阵

$$V = X \cdot C = (v_{ij})_{m \times n} = \begin{bmatrix} v_{11} & … & v_{1n} \\ … & … & … \\ v_{m1} & … & v_{mn} \end{bmatrix} \qquad (7\text{--}18)$$

4. 确定正负理想解

传统 TOPSIS 法中，正、负理想方案的选择是相对的，当待评价方案数量发生变化时，可能导致理想方案变化，引起逆排序问题。因此引入绝对理想点，将正理想方案固定为 $V^+=(1, 1, …, 1)_n^T$，负理想方案固定为 $V^-=(0, 0, …, 0)_n^T$。

5. 求解贴近度

从几何视角看，每个待选方案可以看成一个空间向量，将正、负理想方案的连线作为参照向量。待选方案向量与参照向量越接近则待选方案越优。将待选方案向量在参照向量上的投影作为贴近度，可反映向量之间的接近程度，计算公式如式（7–19）所示。

$$P_{V^+}(\boldsymbol{v}_i) = \sum_{j=1}^{n} V_j^+ v_{ij} \bigg/ \sqrt{\sum_{j=1}^{n}(V_j^+)^2} \qquad i = 1, 2, \cdots, m \qquad (7{-}19)$$

式中　V^+——正理想方案向量，即为参照向量；

$\qquad$ $\boldsymbol{v}_i$——第 i 个待评估方案向量，其表示为（v_{i1}，v_{i2}，$\cdots$，v_{in}）^{T}；

$\qquad$ v_{ij}——第 i 个待评估方案第 j 个指标的值；

$P_{V^+}(\boldsymbol{v}_i)$——贴近度，其值越大，表明方案 $\boldsymbol{v}_i$ 越接近正理想方案而远离负理
$\qquad\qquad$ 想方案，说明方案越优。

改进 TOPSIS—德尔菲—熵权组合评价的总体流程包括：首先，利用德尔
菲法计算指标体系中各指标的主观权重；其次，利用熵权法计算指标体系中各
指标的客观权重；然后，用博弈论模型计算得到指标的综合权重；最后，利用
改进 TOPSIS 法评价各方案的优劣。详细流程如图 7-1 所示。

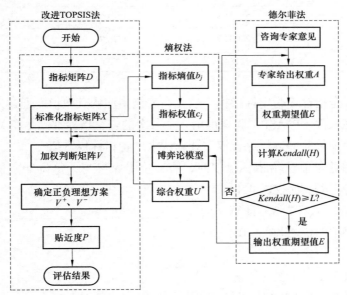

图 7-1　改进 TOPSIS—德尔菲—熵权组合评价计算模型整体流程图

7.3　典型应用

当指标体系中指标种类越多时利用 TOPSIS 法进行方案评估越准确，因此
将第 4 章提出的 SEC 综合评价指标体系稍作改动，将适应性指标从效能指标
中分出单列，构成 SECA 综合评价指标体系。

其适应性指标包括电源变化适应性、负荷波动适应性以及灾害适应性。电网适应性指标反映电网规划方案对外部各类因素的适应能力，其可通过选取评价集来进行描述，将其转变为定量指标。本文选取评价集 {1, 2, 3, 4, 5, 6} 分别代表很差、较差、稍差、稍好、较好、很好 6 个等级，通过向相关领域专家征询来确定各方案的适应性等级，进而转变成定量指标进行综合评价。

本文在构建 SECA 综合评价指标体系的基础上采用改进 TOPSIS—德尔菲—熵权组合评价方法对 5.2.1 中的 220kV 变电站接入方案评估比选并对结果进行分析。

1. 计算 SECA 综合评价指标体系中各指标值

Kendall 协和系数显著性临界值表见表 7–2。

表 7–2　　　　　　　　　　Kendall 协和系数显著性临界值表

指标	E（效益）	C（成本）	A（适应性）
方案一	22171.5	2787.7	4
方案二	22003.7	2776.7	3
方案三	22184.5	2953.6	6

因为安全指标 S 为定性指标，故未在表格中注明其数值。通过采用电力系统综合程序软件（PSASP）验证得出 3 个方案的安全指标都满足相关的标准。

2. 采用德尔菲—熵权综合权重计算法求取各指标权重值

在利用德尔菲法给指标赋权时，有 8 位专家参与，每位专家根据其知识和经验给各指标赋权，再根据式（7–1）~式（7–3）计算得到主观权重向量 C_1=[0.4　0.4　0.2]。

依照表 7–2 中的数据，根据式（7–4）~式（7–11）计算得到熵权法确定的客观权重向量 C_2=[0.3　0.3　0.4]。

利用博弈论模型求得主、客观权重的纳什均衡解，如图 7–2 所示。

解得 g_1=0.68，g_2=0.36，归

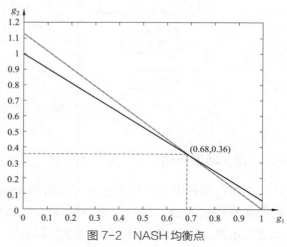

图 7–2　NASH 均衡点

一化后 g_1^*=0.65，g_2^*=0.35，根据式（7–17）得到各指标的综合权重，结果如表 7–3 所示。

表 7–3　　　　　　　　　　　各指标权重值

指标	E	C	A
权重	0.365	0.365	0.27

3. 使用改进 TOPSIS 法对各方案进行评估

根据式（7–25）计算三个电网规划方案的基于投影法贴近度为 P=[0.4416 0.2107 0.3666]，对应的贴近度示意图如图 7–3 所示。

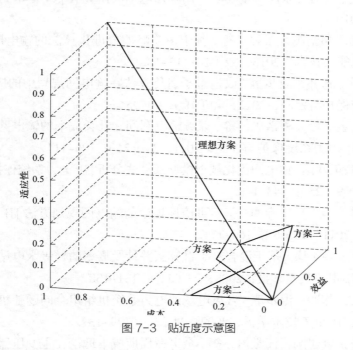

图 7–3　贴近度示意图

利用本文提出的改进 TOPSIS 法计算得出，方案一较其他两个方案有较明显的优势，方案三为次好方案，方案二最差。因此根据改进 TOPSIS 法对该地区电网规划方案进行综合决策，最终推荐采用方案一。

参考文献

[1] 李蕊. 配电网可靠性与重要电力用户停电损失研究 [D]. 中国电力科学研究院，2010.

[2] 聂宏展，郑鹏飞，于婷，等. 基于多策略差分进化算法的输电网规划 [J]. 电工电能新技术，2013，32（1）：13-18.

[3] 周建平，林韩，温步瀛. 改进量子遗传算法在输电网规划中的应用 [J]. 电力系统保护与控制，2012，40（19）：90-95.

[4] 范宏，金义雄，程浩忠，等. 兼顾输电利润和社会成本的输电网二层规划方法 [J]. 电力系统保护与控制，2011，39（24）：106-111.

[5] 韩晓慧,王联国. 输电网优化规划模型及算法分析 [J]. 电力系统保护与控制，2011，39（23）：143-148.

[6] 赵书强，李勇，王春丽. 基于可信性理论的输电网规划方法 [J]. 电工技术学报，2011，26（6）：166-171.

[7] 朱建全，吴杰康. 基于混合粒子群算法并计及概率的梯级水电站短期优化调度 [J]. 电工技术学报，2008，23（11）：131-138.

[8] 江岳文，陈冲，温步瀛. 含风电场的电力系统机组组合问题随机模拟粒子群算法 [J]. 电工技术学报，2009，24（6）：129-137.

[9] 宋宛净，姚建刚，汪觉恒，等. 全寿命周期成本理论在主变压器选择中的应用 [J]. 电力系统及其自动化学报，2012，24（6）：111-116.

[10] 唐维，陈苾熙，王子龙，等. 基于不完整数据的变压器全生命周期成本 [J]. 浙江大学学报，工学版，2014，48（1）：42-49.

[11] 于会萍，刘继东，程浩忠，等. 电网规划方案的成本效益分析与评价研究 [J]. 电网技术，2001，25（7）：32-35.

[12] 程浩忠，高赐威，马则良，等多目标电网规划的一般最优化模型 [J]. 上海

交通大学学报，2004，38（8）：1229-1232.

[13] 付蓉，魏萍，万秋兰. 市场环境下基于最优潮流的输电网规划 [J]. 电力系统自动化，2005，29（16）：42-48.

[14] 付蓉，魏萍，万秋兰，等. 市场环境下计及阻塞集中度指标的输电网扩展规划 [J]. 继电器，2007，35（10）：28-33.

[15] 吉兴全，王成山. 考虑需求弹性的启发式输电网规划方法 [J]. 电力系统及其自动化学报，2002，14（6）：1-4.

[16] 翟海宝，程浩忠，陈春霖，等. 输电网络优化规划研究综述 [J]. 电力系统及其自动化学报，2004，16（2）：17-23.

[17] 朱海峰，程浩忠，张焰. 考虑线路被选概率的电网灵活规划方法 [J]. 电力系统自动化，2000，24（17）：20-24.

[18] 程浩忠，朱海峰，马则良，等. 基于等微增率准则的电网灵活规划方法 [J]. 上海交通大学学报，2003，37（9）：1351-1353.

[19] 毛玉宾，王秀丽，王锡凡. 多阶段输电网最优规划的遗传算法 [J]. 电力系统自动化，1998，22（12）：13-15.

[20] 顾益磊，许诺，王西田. 遗传算法应用于电网规划的难点与改进 [J]. 电网技术，2007，31（1）：29-33.

[21] 蒙文川，邱家驹. 基于免疫算法的配电网重构 [J]. 中国电机工程学报，2006，26（17）：25-29.

[22] 夏成军，邱桂华，黄冬燕，等. 电力变压器全寿命周期成本模型及灵敏度分析 [J]. 华东电力，2012，40（1）：26-30.

[23] 李蕊，李跃，苏剑，等. 配电网重要电力用户停电损失及应急策略 [J]. 电网技术，2011，35（10）：170-176.

[24] 李天友，赵会茹，欧大昌，等. 短时停电及其经济损失的估算 [J]. 电力系统自动化，2012，36（20）：59-62.

[25] 马乙歌. 配电网可靠性经济规划及预控 [D]. 华南理工大学，2012.

[26] 郑旭，丁坚勇，尚超，等. 计及多影响因素的电网停电损失估算方法 [J]. 武汉大学学报（工学版），2016，49（1）：83-87.

[27] 陈晓，王建兴，臧宝风. 城市电网用户停电损失及其估算方法的研究 [J]. 昆明理工大学学报（理工版），2003，28（1）：53-56.

[28] 曹伟. 10kV 配电网规划的供电可靠性评估和应用 [D]. 长沙：湖南大学，2009.

[29] 刘立，黄民翔 . 配电网经济性和可靠性的综合评估 [J]. 能源工程，2007，03（2）：16–19.

[30] 李晶 . 配电系统的停电损失及其评估方法 [J]. 农业科技与装备，2008，5（179）：38–40.

[31] 刘剑，张勇，杜志叶，等 . 交流输电线路设计中的全寿命周期成本敏感度分析 [J]. 高电压技术，2010，36（6）：1554–1559.

[32] 范宏，程浩忠，张节潭，等 . 考虑电力系统安全的输电网规划 [J]. 电力系统自动化，2007，31（11）：35–38.

[33] 张吉军 . 模糊层次分析法（FAHP）[J]. 模糊系统与数学，2000，14（2）：80–88.

[34] 吕跃进 . 基于模糊一致矩阵的模糊层次分析法的排序 [J]. 模糊系统与数学，2002，16（2）：79–85.

[35] 邓雪，李家铭，曾浩健，等 . 层次分析法权重计算方法分析及其应用研究 [J]. 数学的实践与认识，2012，42（7）：93–100.

[36] 吴殿廷，李东方 . 层次分析法的不足及其改进的途径 [J]. 北京师范大学学报（自然科学版），2004，40（2）：264–268.

[37] 兰继斌，徐扬，霍良安，等 . 模糊层次分析法权重研究 [J]. 系统工程理论与实践，2006，26（9）：107–112.